高等院校艺术设计专业通用教材

设 计 制 图

彭 红　陆步云　编著

周雅南　审

中国林业出版社

图书在版编目(CIP)数据

设计制图/彭红，陆步云编著. —北京：中国林业出版社，2003.9 (2024.7重印)
高等院校艺术设计专业通用教材
ISBN 978-7-5038-3305-2

Ⅰ.设... Ⅱ.①彭... ②陆... Ⅲ.建筑制图-高等学校-教材 Ⅳ.TU204

中国版本图书馆 CIP 数据核字（2003）第 067943 号

国家林业局生态文明教材及林业高校教材建设项目

中国林业出版社·教育分社
电话：(010) 83143559　　　传真：(010) 83143516

出版发行	中国林业出版社（100009 北京市西城区德内大街刘海胡同 7 号） E-mail: jiaocaipublic@163.com　电话：(010) 83143500 网　址：http://lycb.forestry.gov.cn
经　销	新华书店
印　刷	廊坊市海涛印刷有限公司
版　次	2003 年 9 月第 1 版
印　次	2024 年 7 月第 13 次
开　本	889mm×1194mm 1/16
印　张	13.5
字　数	304 千字
定　价	38.00 元

未经许可，不得以任何方式复制或抄袭本书之部分或全部内容。

版权所有　侵权必究

木材科学及设计艺术学科教材
编写指导委员会

主　　　任　周定国（南京林业大学）
副　主　任　赵广杰（北京林业大学）
　　　　　　王逢瑚（东北林业大学）
　　　　　　吴智慧（南京林业大学）

"设计艺术"学科组

组 长 委 员　吴智慧（南京林业大学）
副组长委员　王逢瑚（东北林业大学）
　　　　　　刘文金（中南林学院）
委　　　员　（以姓氏笔画为序）
　　　　　　丁密金（北京林业大学）
　　　　　　王文彬（浙江林学院）
　　　　　　江敬艳（深圳职业技术学院）
　　　　　　行淑敏（西北农林科技大学）
　　　　　　宋魁彦（东北林业大学）
　　　　　　张青萍（南京林业大学）
　　　　　　张福昌（江南大学）
　　　　　　胡剑虹（同济大学）
　　　　　　唐开军（深圳大学）
　　　　　　徐　雷（南京林业大学）
　　　　　　彭　亮（顺德职业技术学院）
　　　　　　戴向东（中南林学院）
秘　　　书　李　军（南京林业大学）

前　言

十多年来，由于社会经济的发展，生活水平的提高，人们对家具设计的要求早已超出家具单体本身，而是和室内设计紧紧联系在一起研究和思考。高校的专业设置也按人才的需求作了相应的调整。作为家具设计和室内设计专业必修的制图基础课，原有的制图教材《家具制图》（中国林业出版社1991年版）显然已不适应专业的要求。为此，我们在原《家具制图》的基础上，结合多年的教学实践和专业需要，新编了这本《设计制图》教材，以满足制图课程的教学要求。

《设计制图》一书从设计制图的基础知识入手，介绍了几何作图方法，投影基础知识，点、直线、平面、曲面的投影，立体表面交线的画法。在应用方面介绍了轴测图，一点透视图，两点透视图，室内一点透视，室内两点透视，楼梯的画法，室内、建筑平面图，立面图，剖视图，以及阴影、虚像和倒影的画法等。

学习设计制图，不仅要学习理论知识，尤其需要循序渐进的大量练习，才能将知识消化，并融会贯通于实践中去。对此，我们编写了与之配套的《设计制图习题集》，供大家学习时使用。在练习中应注意作图技巧和作图方法的训练。

本书是中国林业出版社"十五"规划教材。本书可作为室内设计专业和家具设计专业教材，也可供建筑、环境艺术设计等相关专业的师生作参考。

本书由南京林业大学周雅南教授主审，并在编写过程中提出大量的宝贵意见和建议，在此表示诚挚的谢意。同时，特别感谢许建春、胡剑虹先生对本书专业性图稿的审定，感谢管雪松、萨兴联老师对本书提供的资料。另外，还要感谢在本书图样绘制过程中提供了帮助的赵晶晶、董喜财、雍榕同学。

由于编者水平有限，不足之处，谨请广大读者、尤其诚望老师们不吝指正。

编　者
2003年6月

目　录

前　言
1 制图基础知识 …………………………………………………………………… (1)
　1.1 绘图工具及其使用方法 …………………………………………………… (1)
　1.2 制图常用标准规定 ………………………………………………………… (7)
　1.3 几何作图方法 ……………………………………………………………… (17)
2 正投影基础 ……………………………………………………………………… (25)
　2.1 投影方法 …………………………………………………………………… (25)
　2.2 正投影图 …………………………………………………………………… (28)
　2.3 点、直线和平面的投影 …………………………………………………… (32)
　2.4 曲面立体和曲面的投影 …………………………………………………… (42)
3 视图分析和绘图方法 …………………………………………………………… (51)
　3.1 形体分析和线面分析 ……………………………………………………… (51)
　3.2 画视图与看视图 …………………………………………………………… (56)
　3.3 立体表面交线的画法 ……………………………………………………… (58)
4 轴测图画法 ……………………………………………………………………… (71)
　4.1 轴测投影基本知识 ………………………………………………………… (72)
　4.2 轴测图的画法 ……………………………………………………………… (73)
　4.3 轴测图的应用 ……………………………………………………………… (80)
5 透视图基本画法 ………………………………………………………………… (82)
　5.1 透视图基本知识 …………………………………………………………… (84)
　5.2 视线迹点法 ………………………………………………………………… (87)
　5.3 量点法 ……………………………………………………………………… (91)
　5.4 距离点法 …………………………………………………………………… (96)
　5.5 圆和圆柱的透视图画法 …………………………………………………… (99)
6 透视图实用画法 ………………………………………………………………… (105)
　6.1 视点和画面位置的选择 …………………………………………………… (105)
　6.2 单件家具透视图画法 ……………………………………………………… (112)
　6.3 透视图的放大 ……………………………………………………………… (114)

  6.4 透视图的划分和延伸 …………………………………………………… (115)
  6.5 室内家具陈设的透视图画法 …………………………………………… (117)
  6.6 室内透视图画法 ………………………………………………………… (119)
  6.7 楼梯（一般位置直线）灭点的应用及空间曲线构件的透视画法 ……… (123)
  6.8 其他实用画法 …………………………………………………………… (127)
7 阴影与虚像 ……………………………………………………………………… (130)
  7.1 正投影图中的影子画法 ………………………………………………… (131)
  7.2 透视图中的阴影画法 …………………………………………………… (138)
  7.3 轴测图阴影 ……………………………………………………………… (148)
  7.4 虚像和倒影 ……………………………………………………………… (149)
8 家具图样图形的表达方法 ……………………………………………………… (155)
  8.1 视图 ……………………………………………………………………… (155)
  8.2 剖视图 …………………………………………………………………… (161)
  8.3 剖面符号 ………………………………………………………………… (164)
  8.4 剖面 ……………………………………………………………………… (167)
  8.5 局部详图 ………………………………………………………………… (169)
  8.6 常用连接方式的规定画法 ……………………………………………… (171)
  8.7 家具图样 ………………………………………………………………… (177)
9 建筑与室内设计图样及图形的表达方法 ……………………………………… (189)
  9.1 建筑制图相关标准 ……………………………………………………… (189)
  9.2 建筑与室内设计图样 …………………………………………………… (200)
参考文献 ………………………………………………………………………… (210)

1 制图基础知识

1.1 绘图工具及其使用方法

任何产品的设计过程，都反映了人的思维过程，将思维与产品这两者联系在一起的就是图纸，当然，这里排除完全手工制品的制作过程。所以，设计是以图样为基础的，人们通过图样传递、交流设计构思和制造方法，使最终制造出来的产品符合原创设计的意图。图样也就是设计思想的真实记录。学习图样的绘制就叫制图。

手工绘图需要各种各样的工具，这里介绍常用的制图工具和仪器的使用方法以及保养的常识。

1.1.1 制图工具

1. 图　板

制图用的图板要求板面光滑平整，质地要软硬均匀、有弹性，图板的两个短边称为工作边，要求变形小，稳定性高，以保持平直。图板的大小有0号、1号、2号等不同规格，可根据图纸的大小来确定。图板使用完毕，应放平，上方不得放重物，盖上干净的纸或布，保护好图板表面，必须竖放时工作边切忌朝地，以免受潮变形（图1-1）。

2. 丁字尺

丁字尺是用来画水平线的，其尺头应紧靠在图板的工作边上，画水平线时应左手按住尺身，右手从左向右画线，如水平线较多，则由上而下逐条画出，并可以利用三角尺，从左向右逐条画出垂直平行线。因此，在选用丁字尺的时候，如发现尺头松动，丁头与尺身不垂直，都要及时更换，避免水平线的误差。丁字尺用完后应放在图板表面或挂在墙上，切忌移作他用（图1-2）。

3. 三角尺

三角尺每副有两块，与丁字尺配合使用可以画出30°、60°、45°、15°、75°等倾斜线，注意使用时一定要与丁字尺紧密配合，以保证垂直线和倾斜线角度的准确性（图1-3）。

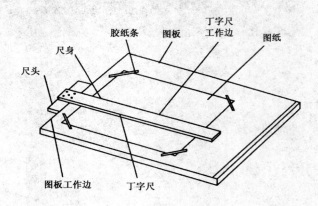

图1-1　图　板

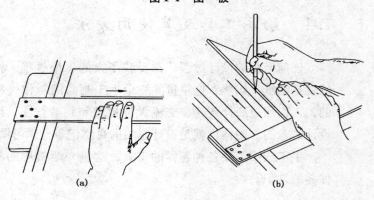

图1-2　丁字尺

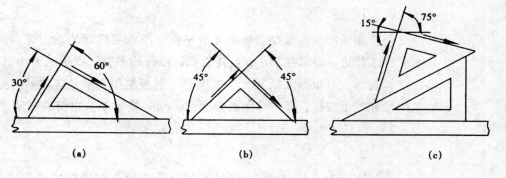

图1-3　三角尺

1.1.2 绘图铅笔

绘图使用的铅笔其铅芯硬度用 B 和 H 标明，B 表示铅芯软、色深，H 表示铅芯硬、色淡，HB 表示铅芯软硬适中。画底稿及细线时常用 H～2H 的铅笔，画粗线及加深时常用 HB～2B 的铅笔。

铅笔应削成图1-4中所示的式样。根据画线和写字的不同需要，可在砂纸上把笔芯磨成锥形或楔形，后者容易控制线条的粗细并可减少铅笔的消耗。

使用铅笔绘图时，握笔要稳，用力要均匀，铅笔与纸面、尺身工作边的相互位置如图1-5所示。

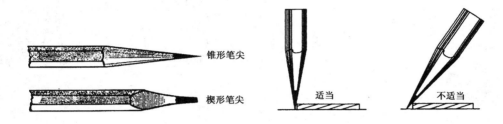

图1-4 锥形与楔形笔尖　　图1-5 铅笔与纸面、尺身工作边的相互位置

1.1.3 制图仪器

1. 圆　规

圆规是用来画圆的，针尖要稍长于铅笔尖，铅笔尖要磨成75°斜形。画图时要顺时针方向旋转，规身稍向前倾。画大圆时可装上延伸杆，同时要保持针尖和铅芯垂直于纸面。画小圆时可以用点圆规。画实线圆的铅芯一般要换软一级的才能与直线保持同样的深度（图1-6）。

使用圆规画圆，针尖要注意选择有台阶的一端，这样可以避免由于用力不当或画同心圆时而造成圆心孔眼扩大的毛病，画圆时要用力适当，尤其不要过于用力在圆心上。

2. 分　规

分规是用来量取线段或等分线段的。由于针尖在图纸上可以留下微小的痕迹，这要比铅笔尖点的准确方便，避免了误差，特别是图中重复出现某一长度时，使用分规尤为合适。选择分规时其两个针尖合拢时应交于同一点，才能保证测量的精确度（图1-7）。

3. 直线笔

直线笔是描图的工具，又称鸭嘴笔。加墨前应调节松紧螺丝，使两叶片之间达到所画线的粗细，加墨时用吸管或小钢笔蘸取墨水，灌注在两叶片之间，充墨高度约5mm为宜。如叶片外侧沾有墨水必须擦净。画图时，笔杆向右倾斜约20°～30°，笔尖与尺应保持一定距离，两叶片应同时接触纸面。注意笔杆切不可向外倾或向内倾，以免造成跑墨或墨线不光滑等现象,如直线笔使用不当会产生图 1-8 中所示的情况。

直线笔使用完毕要及时用软布将叶片内外擦干净,并放松调节螺母,使叶片自然张开以保持弹力。

1.1.4 针管笔

针管笔是专为绘制墨线图而设计的绘图工具。针管笔的笔尖由针管、引水通针和连接件组成。针管管径的粗细决定所绘线条的粗细。

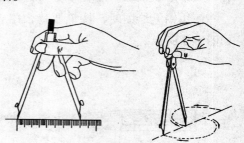

图 1-7 分规的使用方法

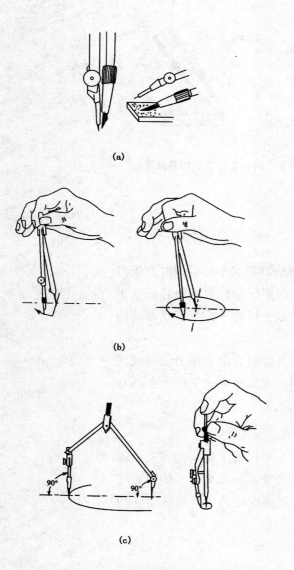

图 1-6 圆规的使用方法
(a) 圆规铅笔的形状及与针尖的位置关系　(b) 圆规的使用
(c) 安装延伸杆的圆规

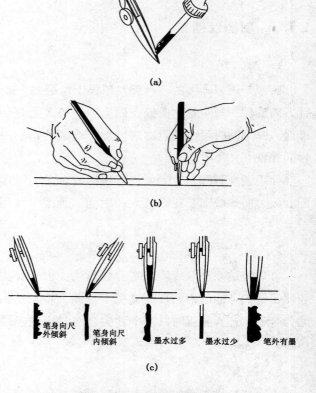

图 1-8 直线笔的使用方法
(a) 直线笔　(b) 使用直线笔的方法
(c) 直线笔使用不当的几种情况

针管笔除用来画直线外，还可以用圆规附件与圆规连接后，画圆或圆弧，也可以用连接件配合模板绘图（图1-9）。

针管笔可以用来写字，尤其是写笔画有一定粗细的数字、字母最为理想。但是针管笔不能像直线笔那样可以任意调节粗细，因此，不同粗细的线条就要使用不同粗细的针管笔，在笔杆上标有能画线的粗细，如图1-10中所示0.6，即线宽为0.6mm。针管型绘图笔必须使用专用墨水，如碳素墨水，不能用一般的墨水，对于画细线的针管笔要特别注意及时清洗，以免墨水干涸堵塞针管。

1.1.5 其他用具

1. 比例尺

比例尺又称三棱尺，是画图时按比例量尺寸的工具。尺上有6种不同的比例刻度（图1-11）。

2. 曲线板

曲线板是用来画非圆曲线的，曲线板种类很多，比较常用的如图1-12。

使用曲线板时，由于曲线板尺寸各异，而曲线板边缘所具有的形状有限，因此往往不能一次将曲线全部画成，而需要分段连接。首先选曲线板的一段，至少对齐三点连成曲线，继续画后一段时至少包括已连好部分的两点，并留出一小段不画，如图1-13所示的方法继续画线，即能画出光滑的曲线。

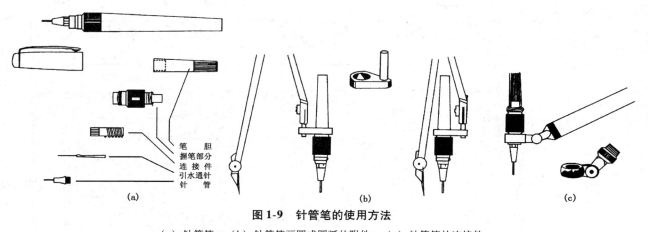

图1-9 针管笔的使用方法

（a）针管笔　（b）针管笔画圆或圆弧的附件　（c）针管笔的连接件

图1-10 针管笔的粗细

图1-11 比例尺

图1-12 曲线板

1 制图基础知识

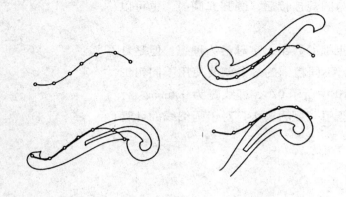

图1-13 用曲线板画曲线的方法

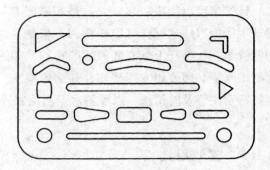

图1-14 擦图片

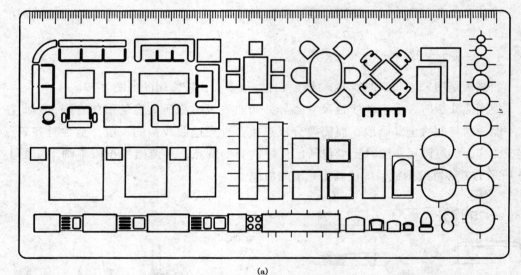

(a)

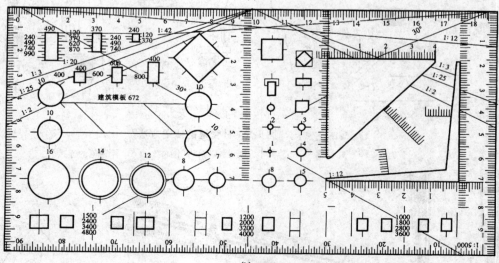

(b)

图1-15 制图模板

3. 擦图片

擦图片是用来擦去画错的图线的，一般用透明胶片或金属片制成，使用时将擦图片上的孔洞对准要擦去的图线，然后用橡皮擦去（图1-14）。

4. 制图模板

制图模板主要是用来画各种标准图例和常用符号的。模板上刻有用以画出各种不同图例或符号的孔，其大小符合一定的比例，只要用笔在孔内画一周即可完成（图1-15）。

1.2 制图常用标准规定

1.2.1 图纸幅面及规格

设计制图（家具制图、建筑制图、室内设计制图）采用中华人民共和国国家标准GB/T 14689—1993《技术制图——图纸幅面和格式》规定，本标准等效采用国际标准ISO 5457—1980《技术制图——图纸尺寸及格式》。图纸幅面及图框尺寸见表1-1所示。图纸幅面边长尺寸之比符合$1:\sqrt{2}$的关系，A0号幅面的面积为$1m^2$。

表1-1　图纸幅面及图框尺寸　　　　　　　　　　　　　　　mm

尺寸代号＼幅面代号	A0	A1	A2	A3	A4
$B \times L$	841×1189	594×841	420×594	297×420	210×297
c	10			5	
a	25				

从表1-1中可以看出，相邻代号幅面其面积相差一半，0号图纸对折为1号图纸，1号对折为2号，2号对折为3号，3号对折为4号（图1-16）。

绘制技术图样时，应优先采用表1-1所规定的基本幅面。必要时，也允许选用表1-2和表1-3所规定的加长幅面。这些幅面的尺寸是由基本幅面的短边成整数倍增加后得出的。

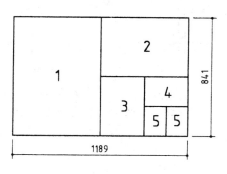

图1-16　图纸幅面

表1-2　图纸幅面尺寸　　　　　　　　　　　　　　　mm

幅面代号	尺寸 $B \times L$	幅面代号	尺寸 $B \times L$
A3×3	420×891	A3×4	420×1189
A4×3	297×630	A4×4	297×841
A4×5	297×1051		

表 1-3　图纸幅面尺寸　　　　　　　　　　　　　　　　　　mm

幅面代号	尺寸 $B \times L$	幅面代号	尺寸 $B \times L$
A0×2	1189×1682	A3×5	420×1486
A0×3	1189×2523	A3×6	420×1783
A1×3	841×1783	A3×7	420×2080
A1×4	841×2378	A4×6	297×1261
A2×3	594×1261	A4×7	297×1471
A2×4	594×1682	A4×8	297×1682
A2×5	594×2102	A4×9	297×1892

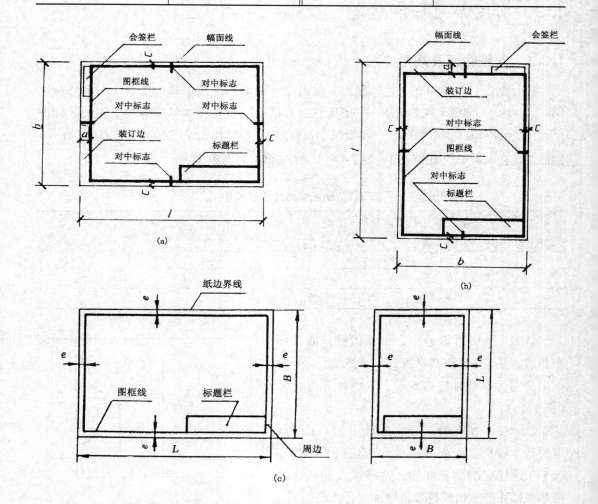

图 1-17　图框的形式

图纸以图框为界，图框线到图纸边缘的距离见表 1-1 所示。图框的形式有两种：一种为横式，装订边在左边；另一种为竖式，装订边在上面如图 1-17（a）（b）。还有一种不留装订边的图纸，其图框格式如图 1-17（c）所示。其中 A0、A1、A2 图纸 $e=20$；A3、A4 图纸 $e=10$。

在图框的右下角，应画出一标题栏。需要会签的图纸应设装订会签栏。标题栏和会签栏的一般形式和尺寸如图 1-18 所示。

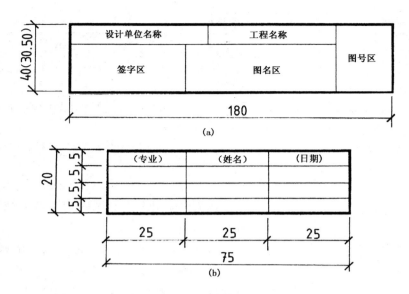

图 1-18 标题栏和会签栏
（a）标题栏　（b）会签栏

1.2.2　图线画法及其用途

为了使工程图样的内容主次分明、清晰易读,采用各种不同的线型和粗细的图线,分别表示不同的意义和用途。各种图线及用途按照 GB/T 50104—2001《建筑制图标准》规定（表 1-4）。图线的宽度 b,应从下列规定线宽系列中选取：0.18、0.25、0.35、0.5、0.7、1.0、1.4、2.0（mm）。

家具图样的图线参照表 1-4 或按《家具制图标准》绘制。

每个图样,应根据复杂程度与比例大小,先确定基本线宽 b,再选用表 1-5 中适当的线宽组。在同一张图纸中,采用相同比例绘制的各个图样,应该选用相同的线宽组。

图纸的图框线和标题栏线的宽度,应随图纸幅面的大小而不同,可采用表 1-6 中的线宽。

注意：虚线的每一小段长度为 4～6mm,间隙为 1mm 左右；点画线的点及空隙都是 1mm 左右；点画线中的点是小短线,而不是圆点。波浪线应徒手绘制。

图线交线的画法见表 1-7 所示。

表 1-4　图　线

名　称	线　型	线宽	一般用途
粗实线	———————	b	1. 平、剖面图中被剖切的主要建筑构造（包括构配件）的轮廓线 2. 建筑立面图或室内立面图的外轮廓线 3. 建筑构造详图中被剖切的主要部分的轮廓线 4. 建筑构配件详图中的外轮廓线 5. 平、立、剖面图的剖切符号

（续）

名　称	线　型	线宽	一般用途
中实线	——————	0.5b	1. 平、剖面图中被剖切的次要建筑构造（包括构配件）的轮廓线 2. 建筑平、立、剖面图中建筑构造配件的轮廓线 3. 建筑构造详图及建筑构配件详图中的一般外轮廓线
细实线	 ——————	0.25b	小于0.5b的图形线、尺寸线、尺寸界线、图例线、索引符号、标高符号、详图材料做法引出线等
中虚线	– – – – – –	0.5b	建筑构造详图及建筑构配件不可见的外轮廓线
细虚线	 - - - - - -	0.25b	图例线、小于0.5b的不可见轮廓线
粗单点长画线	—·—·—·—	b	起重机（吊车）轨道线
细单点长画线	 —·—·—·—	0.25b	中心线、对称线、定位轴线
双折线	∿∿	0.25b	不需要画全的断开界限
波浪线	 ～～～	0.25b	不需画全的断开界限构造层次的断开界限

表1-5　线宽组　　　　　　　　　　　　　　　　　　　　mm

线　宽　比	线　宽　组					
b	2.0	1.4	1.0	0.7	0.5	0.35
0.5b	1.0	0.7	0.5	0.35	0.25	0.18
0.35b	0.7	0.5	0.35	0.25	0.18	

表1-6　图框线、标题栏线的宽度　　　　　　　　　　　mm

幅面代号	图框线	标题栏外框线	标题栏分割线、会签栏线
A0、A1	1.4	0.7	0.35
A2、A3、A4	1.0	0.7	0.35

表1-7　图线交接的画法

	正确	不正确
两直线相接	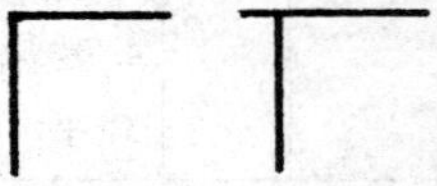	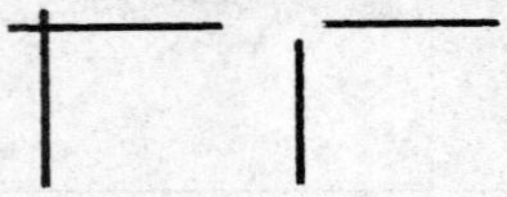

	正确	不正确
两线相切		
不同图线相交		
实线与虚线相交和延长		
圆的中心线		

1.2.3 比例

图样上所画图形的大小（线性尺寸）与实物大小（线性尺寸）之比称为比例。简言之就是：

比例 = 图形大小∶实物大小

例如某一个产品部件的实际尺寸为长 40mm，宽 20mm，在图纸上画成 40mm 长，20mm 宽，这个图形的比例就是 1∶1。若画成 20mm 长，10mm 宽，图形的比例就是 1∶2。反之，若将图形画得比实物放大一倍，长 80mm，宽 40mm，图形的比例就是 2∶1 [图 1-19（a）]。

要注意，无论采取放大或缩小的比例，图样上所注的尺寸必须是原实际尺寸。因此，每一张图样上必须注明所画图样的比例。同一张图纸上，基本视图的比例必须保持一致，并在标题栏中注明，若有其他比例的图形，必须另外注明。必要时可在视图

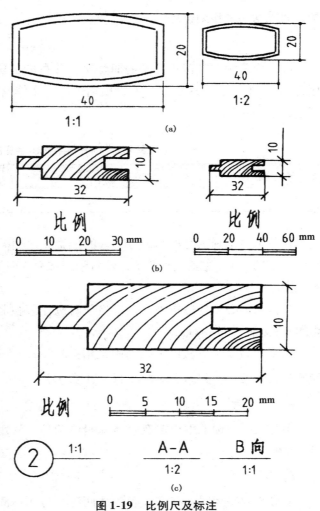

图 1-19 比例尺及标注

(a) 比例 (b) 比例尺 (c) 图样中比例的注写

名称的下方（家具制图中局部详图为右侧）标注比例，如图1-19（b）（c）。一般各类图样的比例见表1-8。

表1-8 各类图样常用的比例

比例类型 \ 图样种类	家具及一般产品图样	展示空间版面图样	室内与建筑设计图样中平面图、立面图、剖面图
缩小的比例	1:5、1:8、1:10	1:5、1:10、1:20	1:50、1:100、1:150、1:200、1:300
与实物相同的比例	1:1	1:1	
放大的比例	2:1、4:1、5:1	2:1、2.5:1、4:1	

1.2.4 字体

在设计图样中，数字和文字是用来表示尺寸、名称和说明设计要求的。除了图形外，文字是图纸上必不可少的内容。这里部分介绍了国家标准《GB/T 14691—1993 技术制图 字体》。标准中基本要求第一条就提到书写字体必须做到：字体工整、笔画清楚、间隔均匀、排列整齐。

1. 汉字

汉字应采用国家正式公布的简化字，并写成长仿宋体，长仿宋体的字高与字宽之比为3:2，并一律采用从左到右，横向书写，字体高度不得小于3.5mm，各级字号的标准见表1-9。

表1-9 字号与字高、字宽的关系   mm

字号	5号	7号	10号	14号
字高×字宽	5×3.5	7×5	10×7	14×10

长仿宋体笔画的写法和偏旁部首的位置和比例关系如图1-20。笔画要领是横平竖直（横可略斜）。注意笔画起落，转折刚劲有力，间架平正，粗细一致，直多曲少，挺秀大方。

写仿宋体必须打格子书写，打格子时应注意控制字距和行距，一般行间距是字间距的4~5倍（图1-21）。

汉字的高度，应从以下系列中选用：3.5mm、5mm、7mm、10mm、14mm、20mm，如需写更大的字，其高度应按$\sqrt{2}$的比值递增。

2. 数字

手写数字在标准中规定有直体和斜体两种，常用的是斜体，倾斜角度与水平线成75°（图1-22）。

3. 字母

字母与数字相同，有直体和斜体两种，与此不同的是字母有大小写之分。字母和数字都是用等线体书写（图1-23）。

家具椅凳桌柜橱床箱沙发衣书厨餐写字课梳妆茶几花屏风架
双单层软硬物品前后上下左右高低宽深面背底中正侧边复合
座扶手靠腿脚盘档挂棍旁门搁挺板望撑托压拼帽头塞角抽屉

图 1-20　长仿宋字

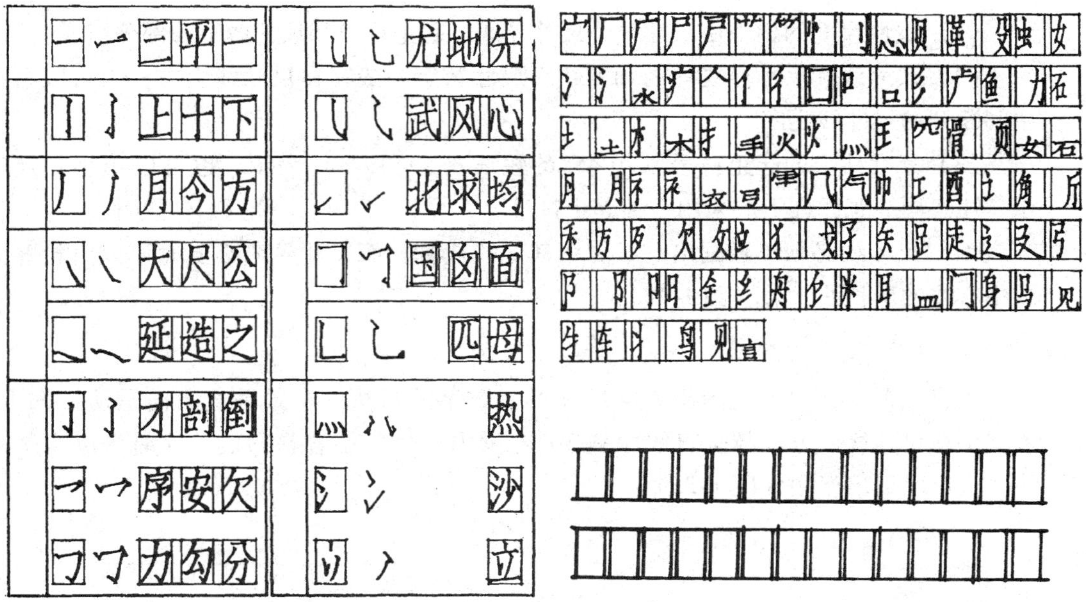

图 1-21　长仿宋字的格子

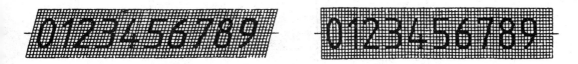

图 1-22　数字的写法

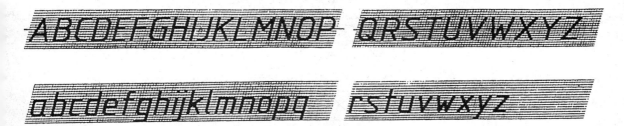

图 1-23　字母的写法

1.2.5 尺寸标注的基本方法

图形一般都要标注尺寸，尺寸的标注关系到加工方法和产品的质量。我们以家具标准为例，介绍图样尺寸标注的一些基本方法。

1. 尺寸单位

家具图样上的尺寸一律以毫米为长度单位，图上不必注出"毫米"或"mm"。

2. 尺寸标注的基本内容

（1）线性尺寸的标注由尺寸线、尺寸界线、起止符号和尺寸数字四部分组成。

（2）尺寸线和尺寸界线均为细实线，尺寸数字一般写在尺寸线上方，也可以写在中间断开的尺寸线之间。

（3）尺寸线上的起止符号采用45°的短线（2～3mm）表示，也可以用小圆点表示。注意同一张图样上应采用一种起止符号。

（4）尺寸线必须单独画出，不能用其他线代替，而尺寸界线必要时可以由轮廓线或中心线的延长线代替（图1-24）。

3. 垂直尺寸的标注

垂直位置和各种不同倾斜方向尺寸线上数字的写法，一般垂直方向是从下向上，数字仍在尺寸线上方。与垂直线倾斜30°范围内尺寸数字容易写倒，这时可以水平书写，也可以引出标注（图1-25）。

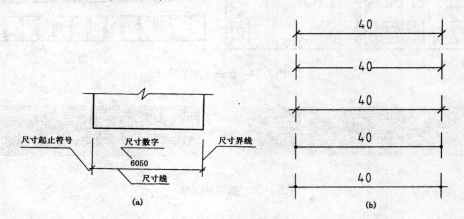

图1-24 尺寸的标注

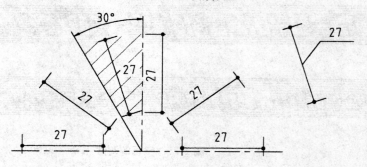

图1-25 垂直尺寸和倾斜尺寸的标注

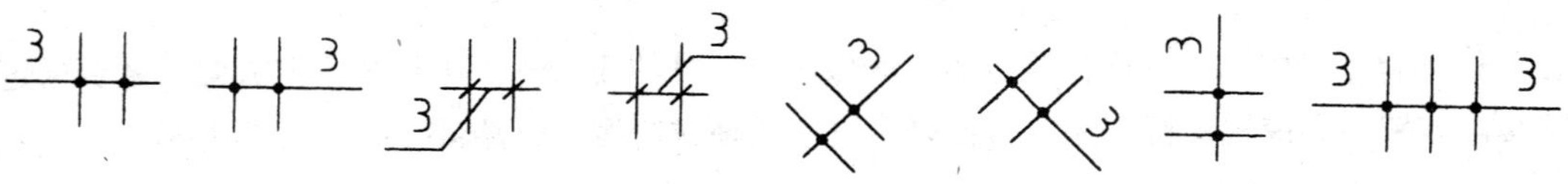

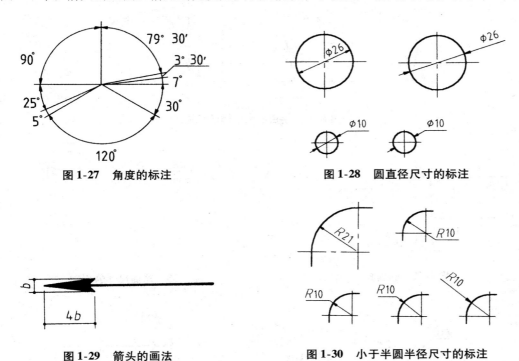

图 1-26　小尺寸的标注

4. 小尺寸的注法

当尺寸数字注写的地方不够时，可写在引出的尺寸线上，注意引出线要与原尺寸线方向一致（图 1-26）。

5. 角度的标注

标注角度时，尺寸线是圆弧线，起止符号只能用箭头表示。角度度数无论在任何角度一律水平书写，小角度可以引出写，当箭头因地位狭小无法画出时，箭头可以用小圆点代替。度数一般写在圆弧的断开线上（图 1-27）。

6. 圆的标注

圆及大于半圆的尺寸用直径注出。在直径数字前加注直径符号"ϕ"，指向圆弧线的尺寸线起止符号必须用箭头。尺寸线的方向必须通过圆心，或是圆弧线的法线方向（图 1-28）。箭头的画法：箭尾的宽度是实线的宽度，长度是 4 倍的实线宽（图 1-29）。

图 1-27　角度的标注

图 1-28　圆直径尺寸的标注

图 1-29　箭头的画法

图 1-30　小于半圆半径尺寸的标注

7. 半圆与小于半圆的标注

半圆与小于半圆的圆弧用半径尺寸注出，在半径数字前加注半径符号"R"，半径尺寸线方向必须通过圆弧的圆心位置。半径的尺寸线只需一端带箭头，箭头指向圆弧线。由于半径的尺寸线一般为倾斜线，所以尺寸数字不能写倒。图形中圆弧较小或没有位置写尺寸数字时，半径尺寸也可以写在圆弧外侧（图 1-30）。

8. 半径较大圆弧的标注

当圆弧半径较大，圆心位置较远，一般情况尺寸线不必等于半径长，但方向一定要通过圆心。如果圆心位置要特别注出时，可将尺寸线画成折线，末端带一短横（图1-31）。

9. 零件的断面尺寸标注

零件的断面尺寸除了用宽和高分别标注外，也可以一次标注，即在端面上引出线接一水平线，水平线上写宽×高或高×宽。高宽尺寸的前后安排，一般是使图中各断面的尺寸，前面的数字尽可能相同。但要注意引出线必须从前面数字表示的一边引出（图1-32）。

10. 球面的标注

标注球的半径或直径时，应分别在尺寸数字前加注符号"Sφ""SR"，注写方法与圆和圆弧的直径、半径的尺寸标注方法相同（图1-33）。

11. 薄板厚度的标注

在薄板板面标注板厚尺寸时，应在厚度数字前加厚度符号"δ"，可直接表示厚度（图1-34）。

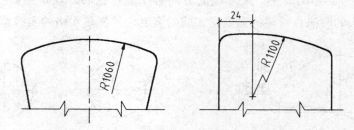

图1-31 半径较大的圆的标注

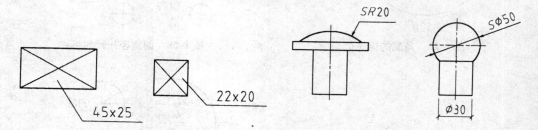

图1-32 断面尺寸的标注　　　　图1-33 球面尺寸的标注

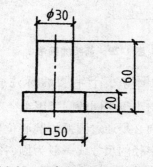

图1-34 薄板厚度的标注　　　　图1-35 正方形边长尺寸的标注

12. 正方形标注

在正方形的侧面标注该正方形的尺寸，除可用"边长×边长"外还可以在正方形边长数字前加正方形符号"□"（图1-35）。

1.3 几何作图方法

无论是平面设计还是产品设计或室内空间的分割，都有一个长、宽、高之间的比率问题，比率的选择既要符合功能尺寸的要求，又能达到完美的设计形式，给人以美的感受。有许多几何图形，历来公认为具有美学特征的形状。下面介绍部分常用的画法。

1.3.1 根号矩形

根号矩形的长宽比为 $\sqrt{2} \times 1$，$\sqrt{3} \times 1$，……，或 $1 \times 1/\sqrt{2}$，$1 \times 1/\sqrt{3}$，……。根号矩形的作图方法如图1-36。图1-36是已知短边求长边。设短边为1，画正方形，对角线长即为 $\sqrt{2}$。$\sqrt{2}$ 矩形的对角线即为 $\sqrt{3}$，如此等等可作出各种根号矩形。

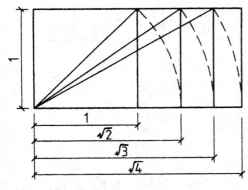

图1-36 根号矩形（已知短边求长边）

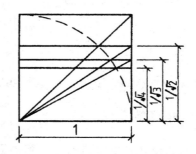

图1-37 根号矩形（已知长边求短边）

如已知长边求根号矩形的短边，同样先作正方形，并以一角为圆心，长边为半径画圆弧，过对角线与圆弧的交点画水平线，此水平线的高即为 $1/\sqrt{2}$，再画对角线与圆弧相交又得 $1/\sqrt{3}$ 高度，依次类推，可得所需要的 $1:\sqrt{n}$ 矩形（图1-37）。

1.3.2 黄金比矩形

黄金比矩形其长宽比关系是，短边:长边 = 长边:(短边+长边)。如果使长边或短边为1的话，则另一边为0.618或1.618。

1. 已知短边求长边

先以短边 AB 作正方形 ABCD，作对角线求中线 EF，以 FD 为半径，F 为圆心，画圆弧 D 到 BC 的延长线上交于 G，BG 即为长边（图1-38）。

2. 已知长边求短边

设长边 AB 为1，从一端作垂线，在垂线上取 BC = 1/2 AB，连 AC，在 AC 线上取

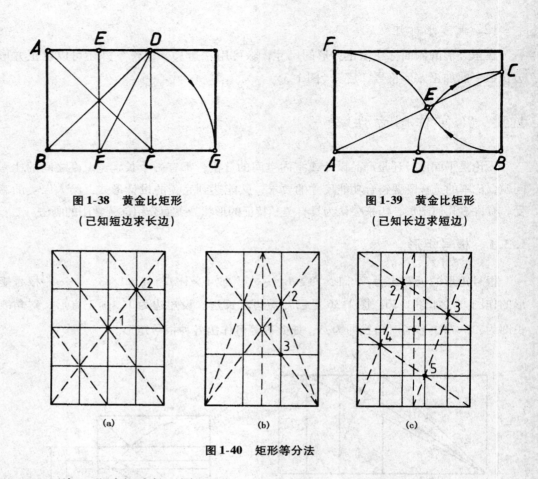

图 1-38 黄金比矩形
（已知短边求长边）

图 1-39 黄金比矩形
（已知长边求短边）

图 1-40 矩形等分法

$CE=BC$，则 AE 即为短边长（图 1-39）。

1.3.3 矩形等分法

介绍三种等分矩形的方法，其中最常用的是前两种，特别是徒手画透视图时十分有用。

1. 用对角线等分成偶数组，即用对角线相交点为中点的原理对分。
2. 利用不同形状矩形的对角线交点求出如 1、2 等点位置，用来分成 1/3、1/6、……。
3. 分矩形为 1/5 边长的 25 个矩形（图 1-40）。

1.3.4 直线分段

1. 二等分一线段，如图 1-41（a）。
2. 任意等分一线段。如图 1-41 中利用尺上刻度，先作一任意倾斜线，用尺上刻度定出等分点位置，再作一系列平行线将等分段移至所需等分线段上。也可以用分规点出等分点，用同法移动［图 1-41（b）］。还可以用分规直接试分。
3. 等分平行线间距。如图 1-42，线段 AB 与线段 CD 分别为已知两条平行线，按等分制图方法将其距离等分为 5 等份。

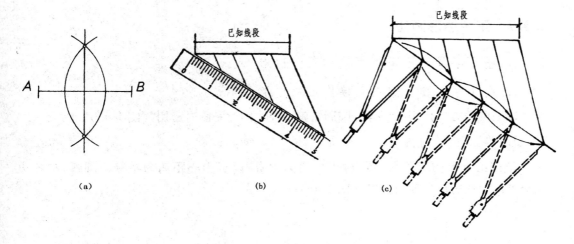

图 1-41 直线段等分

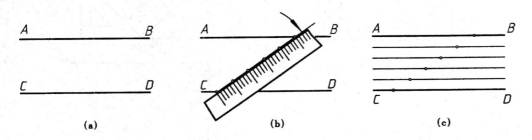

图 1-42 等分平行线间距

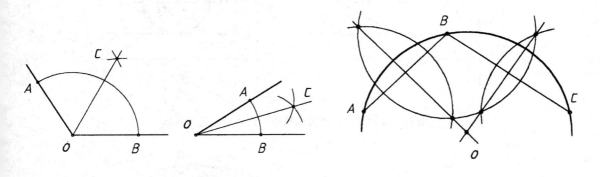

图 1-43 角度的等分　　　　　图 1-44 求任意圆弧的圆心

1.3.5 角度的等分

先以顶角 O 为圆心，任意长为半径画弧交于两边 A 和 B 点，再以同样半径分别以 A 和 B 为圆心画圆弧，交于 C 点，连接 CO 即为该角的等分线（图 1-43）。

1.3.6 求任意圆弧的圆心

在圆弧上作两条成一定角度的弦，如 AB 和 BC 分别作弦的垂直二等分线，两线相交点即为圆心 O（图 1-44）。

1.3.7 正多边形画法

1. 用丁字尺和三角板直接作正六边形

2. 用丁字尺和三角板直接作正八边形

以上两种方法比用圆规等分圆周精确方便，因此制图时常用（图 1-45）。

3. 作正方形的内接正八边形

先作正方形的对角线，再以4个顶角为圆心，以至中心距离为半径画圆弧，与各边相交点即为八边形各顶角位置（图 1-46）。

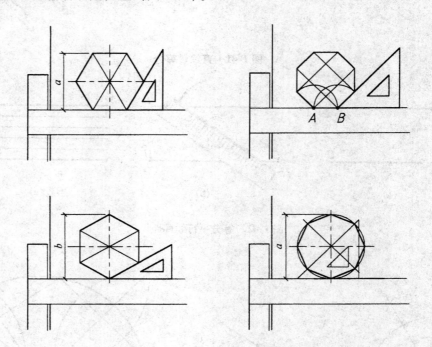

图 1-45　用丁字尺和三角板作正六边形和正八边形

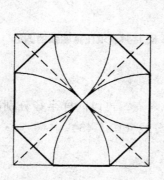

图 1-46　作正方形的内接正八边形

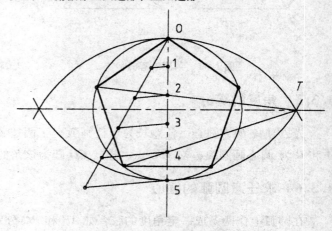

图 1-47　作圆内任意正多边形

4. 作圆内接任意正多边形

以作一圆的内接正五边形为例,以预定边数在垂直中心线上等分直径,得0、1、2、3、4、5各点,以两端点0和5分别为圆心,圆的直径为半径画圆弧,两圆弧相交于T点,连T和2、4点(奇数点也可),并延长与圆弧相交,即得两个等分点,其余即可作出(图1-47)。

这个作图方法是近似法,其中以作正五边形、正七边形误差较小,边数大于13误差较大。对于一般常用的等分,此法比较方便易记,且已足够精确。

1.3.8 椭圆画法

1. 同心圆法(用曲线板画)

已知椭圆的长轴和短轴,分别为直径作两个同心圆。过圆心作任意径向直线,如图1-48中AB,交大圆于A、B两点,交小圆于C、D两点。过A、B分别作垂直线,与过C、D分别作水平线相交于1、2两点,即为椭圆上的点。按同样的方法,多作一些径向直线,求得相当数量的点后,用曲线板光滑连接即成椭圆。

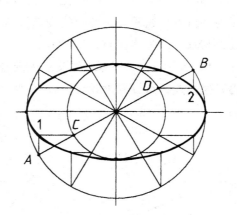

图1-48 同心圆法作椭圆

2. 四心圆法(用圆规画)

已知椭圆的长轴和短轴,分别为AB和CD。画两垂直相交直线交点为O,在水平线上对称地取AB长,垂直线上对称取CD长,定出四点。连接AC,在AC上取F点,AF = AC − FC,其中FC = AO − OC。做法可以以O为圆心,OA为半径画圆弧交垂直线于E点,即OE = OA,再以C为圆心,CE为半径画圆弧交AC于F点。然后,作AF线段的垂直二等分线,交水平线于G,交垂直线于H,这就是两个圆弧的圆心的位置。以HC为半径,H为圆心画大圆弧;以G为圆心,GA为半径画小圆弧。另一半找出对称的圆心位置重画一遍即可。大圆弧、小圆弧的连接点为J,J点在大、小圆弧圆心连线的延长线上(图1-49)。

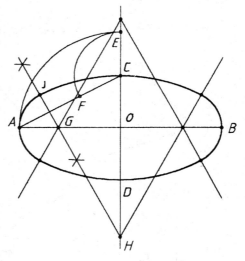

图1-49 四心圆法作椭圆

1.3.9 圆弧连接画法

圆弧连接画法是指用圆规画圆弧光滑地连接两个线段,这在产品图样中经常遇到。掌握这个方法就可以用尺寸标注代替画方格网线,精确方便。因此,一般较小的圆弧设计时应尽可能利用圆弧连接画法。

圆弧连接一般是已知圆弧半径，求圆心的正确位置，以及与已知线段连接点（切点）的位置，具备了这些条件就可画出连接圆弧了。

1. 圆弧通过一点并与直线连接

如图 1-50 所示，已知半径 R，点 A 和直线 L。以 A 点为圆心、R 为半径作弧，再作直线 M 平行于直线 L，其间距为 R，直线 M 与圆弧的交点 O 即为连接圆弧的圆心。以 O 为圆心、R 为半径作弧，此弧必定通过 A 点且与 L 相切，切点 T 即为连接点位置。

2. 圆弧连接两直线

如图 1-51 所示，分别用已知圆弧的半径 R 作为平行线与已知直线间的距离作两直线的平行线，这两条作图线的交点即为连接圆弧的圆心。从圆心分别向已知线段作垂线，其垂足即为连接点，于是就可以画连接圆弧。如两直线成直角，还可更简单，如图 1-52 的方法，是以两直线交点为圆心，R 为半径作圆弧，与两直线的交点为连接点，再以这两连接点分别为圆心，以 R 为半径作圆弧，两圆弧相交，交点即为连接圆弧的圆心。

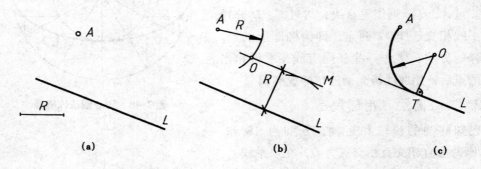

图 1-50　圆弧通过一点并与直线连接

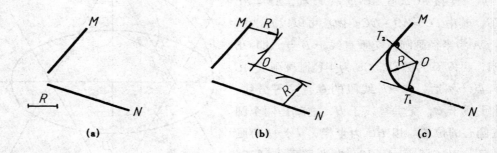

图 1-51　圆弧连接两直线

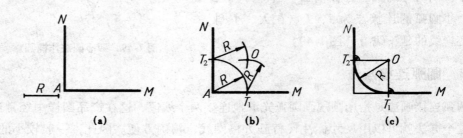

图 1-52　圆弧连接两垂直直线

3. 圆弧与直线之间用圆弧连接

如图 1-53 所示已知半径为 R_1 的圆弧、直线 T 及连接圆弧半径为 R。作一条与直线 T 间距为 R 的平行线 M，以 O_1 为圆心、$R+R_1$ 为半径画弧，交直线 M 于 O 点，O 点即为连接圆弧的圆心。再连接 OO_1 并交已知圆弧于 T_1，过 O 点作直线 T 的垂线得垂足 T_2。然后以 O 点为圆心，以 R 为半径作圆弧连接 T_1T_2，即为所求。

4. 圆弧与两已知圆弧内切连接

所谓内切，即各圆心在所作圆弧的同一侧。如图 1-54 所示，已知半径为 R_1、R_2 的两圆弧及连接圆弧的半径 R，求内切圆弧。分别以 O_1、O_2 为圆心，以 $R-R_1$、$R-R_2$ 为半径作圆弧，两圆弧相交于 O 点。然后分别连接 OO_1、OO_2，并延长与两已知圆弧分别交于 T_1、T_2 两点。再以 O 为圆心、R 为半径作圆弧连接 T_1T_2，即为所求。其中 T_1、T_2 为内切圆弧的切点。

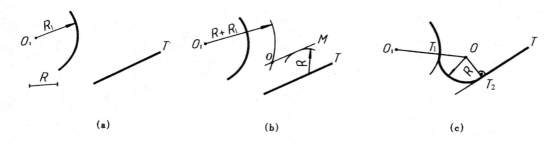

图 1-53 圆弧与直线之间用圆弧连接

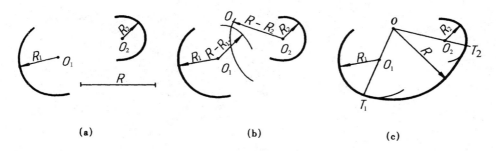

图 1-54 圆弧与两已知圆弧内切连接

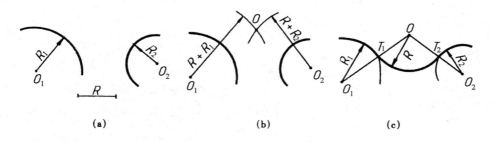

图 1-55 圆弧与两已知圆弧外切连接

5. 圆弧与两已知圆弧外切连接

所谓外切，即所求圆心与已知两圆心分别处在所作圆弧的两侧。如图 1-55 所示，已知半径为 R_1、R_2 两圆弧及连接两圆弧的半径 R，求外切圆弧。分别以 O_1O_2 为圆心，以 $R+R_1$、$R+R_2$ 为半径作圆弧，相交于 O 点。然后分别连接 OO_1、OO_2，并与两已知圆弧相交于 T_1T_2 两点。再以 O 为圆心、R 为半径作圆弧连接 T_1T_2，即为所求。其中 T_1、T_2 为外切圆弧的切点。

在圆弧连接的作图中，注意切点在圆心的连接线或其延长线上。

2 正投影基础

2.1 投影方法

在日常生活中，常见到一些投影现象：灯光照射下的三角尺在墙面上的影子；阳光照射下电线杆在地面上投下的影子。这些影子与空间物体的形状有一定的几何关系。人们把这种自然现象加以科学的抽象，得出了投影法（图2-1）。

图2-1中光源S为投射中心，通过物体的光线为投射线，承受投影的面叫投影面，过物体上的各点（A、B、C、……）的投射线与投影面的交点（a'、b'、c'、……）称为这些点的投影。

2.1.1 投影的分类

投影分为中心投影和平行投影两类，其中平行投影又分为斜投影和正投影。

1. 中心投影——透视图

当投射中心在有限远时，视线（投射线）都集中在人眼E点上，这是中心投影。它表现物体的直观形象，如同我们画实物写生或照相，所绘制的图形具有较好的立体感，用这种方法作物体的透视图（图2-2）。但在图上不能量出物体的实际尺寸。

2. 平行投影

当投射中心（即视点E）移至无限远，投射线（视线）成相互平行的直线，这种投影称为平行投影。平行投影又分为正投影和斜投影。

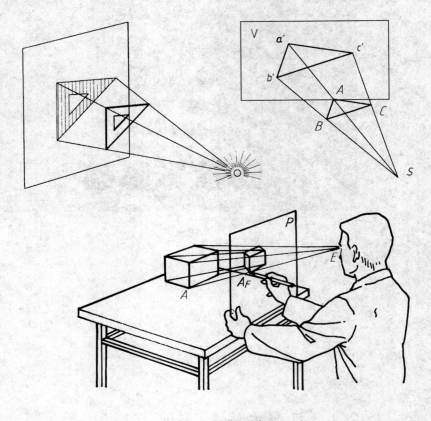

图 2-1 投影现象

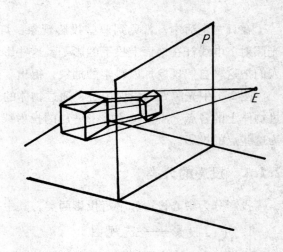

图 2-2 中心投影

(1) 斜投影——轴测图

当投射线与投影面为倾斜的平行线时，称为斜投影。斜投影通常形成的立体图形即轴测图，它能表现物体的立体形象（有时也能反映尺寸）（图 2-3）。

(2) 正投影——平面图形

当投射线与投影面为垂直的平行线时，称为正投影。在正投影图中，物体的某一面与投影面平行时，投影图形可以反映出物体该面的真实形状和尺寸。所以，工程

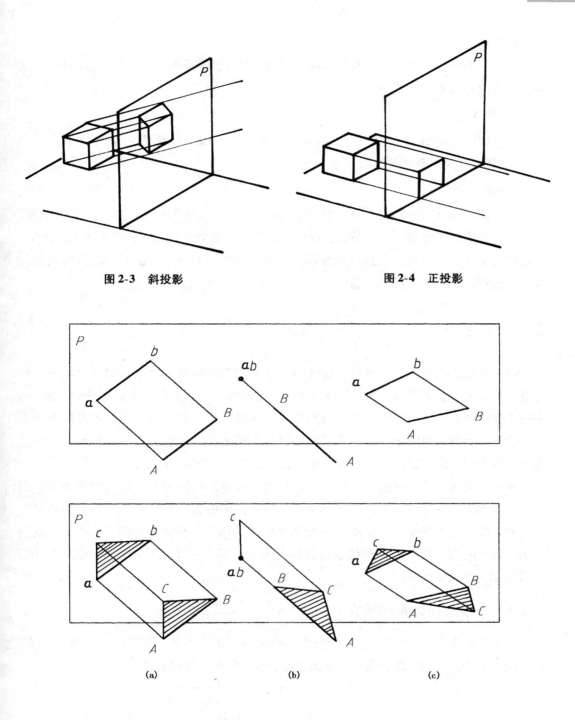

图 2-3 斜投影　　　　　图 2-4 正投影

图 2-5 投影特性
(a) 实形性　(b) 积聚性　(c) 相似性

图样主要是采用正投影图表示的（图 2-4）。下面将重点讨论正投影的作图方法与原理，中心投影和斜投影放在以后的章节中介绍。

2.1.2 正投影的特性

正投影由于投射线垂直于投影面，必然具有如下重要的投影特性：

1. 实形性

当平面图形（或直线段）与投影面平行时，其正投影反映平面实形（或实长），这种投影特性称为实形性 [图 2-5（a）]。

2. 积聚性

当平面图形（或直线段）与投影面垂直时，其正投影积聚为一条直线（或一个点），这种投影特性称为积聚性 [图 2-5（b）]。

3. 相似性

当平面图形（或直线段）与投影面倾斜时，则正投影既不反映实形又不产生积聚，而是一个与原来图形相近似的图形，称为相似性。如原来是三角形，投影还是三角形，但边长发生变形；原来是直线，投影还是直线，但比原来短了。注意：这里的相似与数学中的相似概念完全不同 [图 2-5（c）]。

2.2 正投影图

由于正投影具有实形性和积聚性这两个主要的投影特性，用图来如实反映一个物体就十分方便了。正投影的图形简单、准确，度量性好。我们分析下面的图例。图 2-6 中这个立体带有凹槽的正面平行于投影面 V，在投影面上就反映出立体正面的实际形状，背面形状与正面完全一致，其投影正好与正面的投影重合。而顶面和侧面都因垂直于投影面而产生了积聚性成直线，这些直线与正面投影的轮廓重合。

从这个正投影的产生过程可以看到，物体与投影面的距离与投影的结果无关。但同时可以发现，这样的一个图形只是表达了物体正面的实际形状和尺寸，并不能说明物体的厚度，几个厚度和形状不同的物体可以得到相同的投影，如图 2-7 所示。这就提出了新的问题，即要想完整地表达物体的形状，只有一个正投影图是不能解决的，必须建立一个投影体系。

2.2.1 三投影面体系的建立

如图 2-8 所示，3 个相互垂直的投影面分别为：正立面 V、水平面 H、侧立面 W、物体在这 3 个面上的投影分别称为正面投影、水平投影及侧面投影。

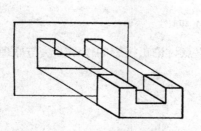

图 2-6 立体的正投影

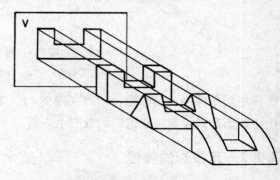

图 2-7 一个投影图不能完全反映立体

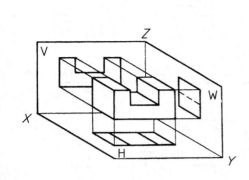

图 2-8 立体的 3 个投影

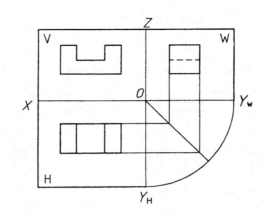

图 2-9 立体 3 个投影的展开图

投影面之间的交线称为投影轴：H 与 V 面的交线为 X 轴；H 与 W 面的交线为 Y 轴；V 与 W 面的交线为 Z 轴。3 个投影轴交于同一点 O，称为原点。很清楚，3 个投影轴也是相互垂直的，3 个轴加上原点 O 同时也组成了一个立体坐标体系。投影轴也是坐标轴。

2.2.2 三视图

我们把物体放在建立起来的投影体系中，分别向 3 个投影面进行投影，于是得到 3 个投影：在 V 面上是正投影；在 H 面上是水平投影；在 W 面上是侧面投影。在投影时将看不见的轮廓线画成虚线，如图 2-9 所示。

为了使空间的投影体系能够画在同一个平面图上，就要展开 3 个相互垂直的投影面。现规定正投影面不动，水平投影面 H 绕 X 轴向下旋转，侧面投影面 W 绕 Z 轴向右旋转，直至 3 个投影面展开在同一平面内。注意这时 Y 轴被分成两支——Y_H 和 Y_W（图 2-9）。

从图 2-9 中可以看出，投影面的大小与投影结果无关，因此画图时投影面的框线不用画出，按原来的位置只画物体的 3 个面投影。这时物体的 3 个投影就称为"视图"。其中：

$$\text{正面投影——主视图}$$
$$\text{水平投影——俯视图}$$
$$\text{侧面投影——左视图}$$

2.2.3 三视图的等量关系

由于三视图的位置关系是相互垂直的，每一个视图都反映了物体的两个方向的尺寸，如主视图反映的是长度方向和高度方向的尺寸；俯视图反映的是长度方向和深度方向的尺寸；左视图反映的是高度方向和深度方向的尺寸。可见，每两个视图之间都有一个尺寸是相等的。

即：主视图和俯视图长度相等——主、俯视图长对正；
　　俯视图和左视图深度相等——俯、左视图深相等；
　　左视图和主视图高度相等——主、左视图高平齐。

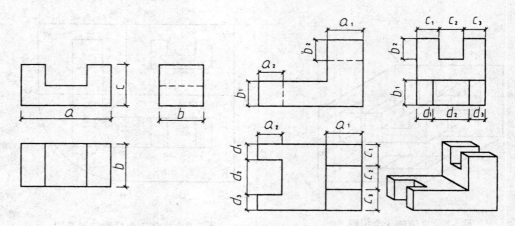

图 2-10 立体的三视图及其尺寸关系

这就是三视图之间存在的等量关系，简称三等关系，也叫三等规律。三等规律不仅反映物体总高、总长、总深的尺寸，同时，对于物体的每个组成部分尺寸都同样适用，如图 2-10 所示。

注意：物体的前面和后面在水平投影和侧面投影中其位置关系很容易弄错，这是由于投影在展开时旋转了 90°。所以，在水平投影和侧面投影中靠近正面投影的部分反映物体的后面，远离正面投影的部分反映物体的前面，如图 2-11 所示。

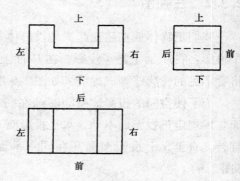

由此我们还可以得出一个结论：只要能画出一个物体的 2 个视图，它就包含了长、深、高 3 个尺寸，那么第三个视图就可以根据三等关系画出来。这是我们学习的一个重点。反

图 2-11 三视图的方位对应关系

之，如果 3 个视图都画出，那么物体的空间形状就确定了。因此，我们应该反复训练由图到形体或由形体到图的思维过程。这是以后绘制工程图样的基础。

2.2.4 基本几何体的三视图

一些比较复杂的几何体都是由一些简单的基本几何体组合而成的。因此，要提高看图和画图的能力，首先应该对一些基本几何体的三视图十分熟悉。这里举一些例子。我们可以利用立体图和三视图对照，找出其相互关系，用三等规律和空间的方位等原理来熟悉三视图。

图 2-12 是一个六棱柱的三视图，可以看出，各视图中除了反映实形性和积聚性外，倾斜于某投影面的表面就反映出类似的相似图形，例如左视图中的上下两个矩形线框以及俯视图中的左右两个矩形线框，它们都不反映实形，但仍然都是相似的四边形。

像正六棱柱这样具有对称形状的立体，在三视图中还要用点画线画出对称中心线。如主视图和俯视图。

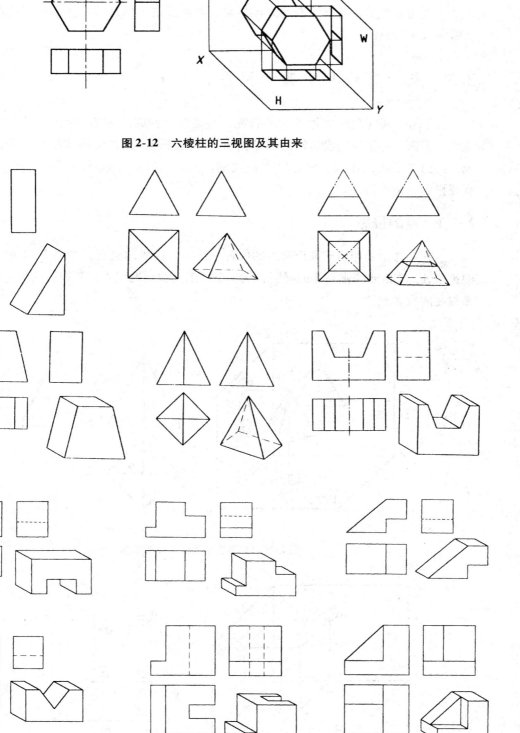

图 2-12　六棱柱的三视图及其由来

图 2-13　一些几何体的三视图及立体图

图 2-13 中列举了 12 个立体图和三视图，读者先对照立体图，分析 3 个视图的由来，认识各视图四周的空间方位，以及每条线和线围成的图形代表哪一个面。进一步再从三视图来想像它们所代表的立体形象，如此反复，以达到初步掌握三视图的画法和看图方法的目的。

2.3 点、直线和平面的投影

为了进一步深化对立体投影的研究，有必要对构成立体的顶点——点，棱线——直线，表面——平面的投影特性加以剖析。因为任何一个几何形体都是由若干个面组成，而面又是由线组成，线是由点组成的。所以，我们必须从分析点、线、面入手，掌握投影的特点。

2.3.1 点的投影

点在立体上是相当于某个顶点的位置，是一些棱线的交点，如图 2-14 中一四棱锥的锥顶 A。看该四棱锥立体的视图，从 3 个视图上找到锥顶 A 的投影，可见完全符合前面叙述的投影规律。

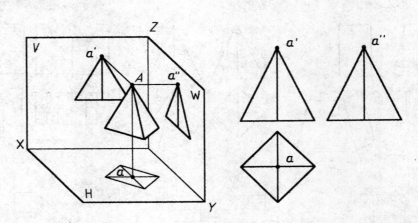

图 2-14 立体表面上一个点的投影

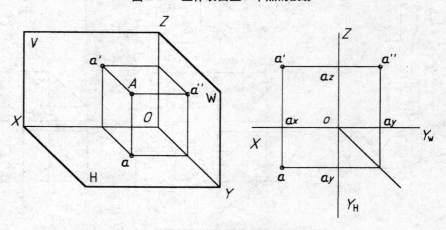

图 2-15 点的投影

现把空间某一点 A 抽象出来研究它的投影，从图中可看到作 A 点的三面投影，就是由 A 点分别向 3 个投影面作垂线，其垂足 a、a'、a″即为 A 点的三面投影图。

1. 空间的点投影规律及其表示方法

空间要素用大写字母表示，如 A、B、C、……；其投影用相应的小写字母表示，如水平投影用 a、b、c、……，正面投影用 a'、b'、c'、……，侧面投影用 a″、b″、c″、……。

我们把空间体系的立体图中的 3 个投影面展开，得到 A 点的三面投影（图 2-15），可以看到：

A 点的正面投影 a' 由 X 和 Z 两个坐标决定，其中：X 坐标为 $Oa_x = a'a_z$

Z 坐标为 $Oa_z = a'a_x$

A 点的水平投影 a 由 X 和 Y 两个坐标决定，其中：X 坐标为 $Oa_x = aa_y$

Y 坐标为 $Oa_y = aa_x$

A 点的侧面投影 a″ 由 Y 和 Z 两个坐标决定，其中：Y 坐标为 $Oa_y = a''a_z$

Z 坐标为 $Oa_z = a''a_y$

从图 2-15 中可以看出，A 点的每一个投影都反映两个坐标位置，实际就是 A 点到两个投影面的距离，例如：

a' 中的 X 坐标反映 A 点到 W 面的距离，Z 坐标反映 A 点到 H 面的距离；

a 中的 X 坐标反映 A 点到 W 面的距离，Y 坐标反映 A 点到 V 面的距离；

a″中的 Y 坐标反映 A 点到 V 面的距离，Z 坐标反映 A 点到 H 面的距离。

因此，我们不难看出，任何两个投影中都包含了 X、Y、Z 3 个坐标，也就是说空间的一个点的两个投影确定了，这个点的位置就确定了，根据前面介绍的三视图的三等关系，第三个投影很容易求出。换句话说，我们可以用坐标值（X，Y，Z）来确定某点的正确位置，从而画出其三面投影图。

例如图 2-16 有一点 B，已知 B（30，20，40）就可以画三面投影图，图中每段的长度已标出。画其直观图时，可先画各面投影 b，b'和 b″，注意其中 Y 方向与水平线成 45°倾斜。为了方便计算，在量 Y 坐标时，不要缩短，然后按投影反方向画线，3 条直线相交于空间 B 点。图中更清楚地看出，B（30，20，40）点距 W 面 30，距 V 面 20，

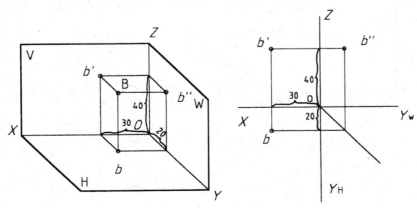

图 2-16 已知点的坐标求点的投影

而距 H 面为 40。

已知点的两个投影，根据等量关系可以求出第三个投影如图 2-17。注意 $Y_W Y_H$ 之间的过渡线必须是 45°斜线。从中可以看出，空间任何一点的 3 个投影都符合"长对正、高平齐、深相等"的规律。

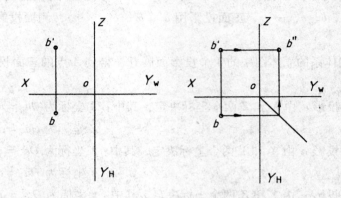

图 2-17 点的二求三

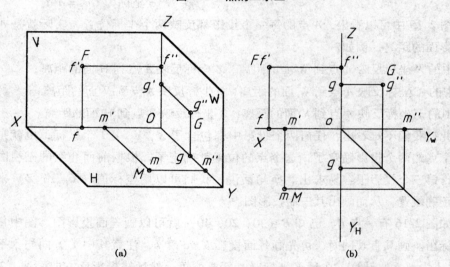

图 2-18 在投影面上的点

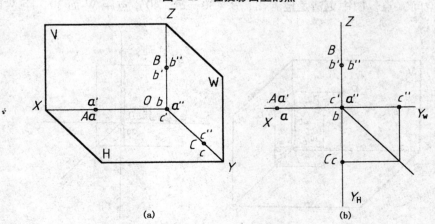

图 2-19 在投影轴上的点

2. 特殊位置的点

（1）投影面上的点：在图 2-18 中，点 F 在 V 面上，距 V 面的距离为 0，所以它的水平投影 f 在 OX 轴上，侧面投影 f″在 OZ 轴上，正面投影 f′和点 F 重合。其他 M 点和 G 点大家自己分析。

（2）投影轴上的点：图 2-19 中点 A 在 OX 轴上，所以它的正面投影 a′和水平投影 a 重合在 OX 轴上点 A 处，侧面投影 a″与原点 O 重合。其他 B、C 两点自己分析。

3. 空间两点的相对位置

空间两点的相对位置，是以其中某一点为基准，判别另一点的前后、左右和上下的位置。如图 2-20 所示，若以 B 点为基准，则由图 2-20（b）可知 A 点距 H 面的距离比 B 点高 9mm（A 点在 B 点的上方）；A 点距 V 面的距离比 B 点近 6mm（A 点在 B 点的后面）；A 点距 W 面的距离比 B 点近 10mm（A 点在 B 点的右方）。图 2-20（a）为其立体图。

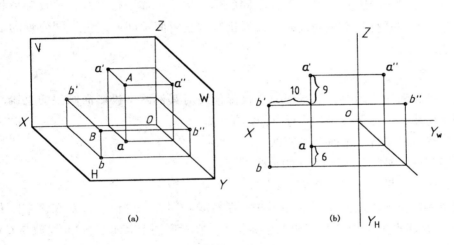

图 2-20 两点的相对位置

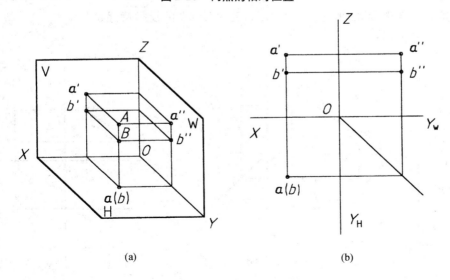

图 2-21 重影点及其可见性

4. 重影点及其可见性

当空间两点位于某一投影面的同一投影线上时,则此两点在该投影面上的投影重合。此重合的投影称为重影点。

如图2-21所示,A、B两点在同一条垂直于H面的投影线上,这时称A点在B点的正上方,两者在H面上的投影为重影点。但两点在其他面上的投影不重合。

至于a、b两点的可见性可从图2-21(b)所示的V面投影(或W面投影)进行判别。因为a'点高于b'点(或a''点高于b''),即A点在B点的正上方,故a点为可见,b点为不可见。为了便于区分,凡不可见的投影其字母加括号表示。

2.3.2 直线的投影

直线的投影一般情况下还是直线。画直线的投影可以先画出直线两端点的各个投影,然后用直线连接各同名投影即成。在立体图中则是指的棱线(两个面的交线)的投影。直线相对于投影面可以有各种不同的位置关系。如平行关系、垂直关系和一般位置关系,其中平行关系和垂直关系又因相对的投影面不同而产生不同位置的平行线和垂直线。

1. 投影面平行线

在三投影面的体系中,平行于一个投影面而对其他两个投影面倾斜的直线,称为投影面平行线,简称平行线。共有3种,即:

正平线——平行于正面V的直线;

水平线——平行于水平面H的直线;

侧平线——平行于侧面W的直线。

如图2-22所示的立体,我们取其中一条棱线AB加以分析,从AB在该立体上3个投影看,AB两点到V面的距离即Y坐标相等,在投影图上其水平投影ab就与OX轴平行,即平行于V面。由于平行于正面,其正面投影将反映实长,而且反映该直线与H面的倾角α,与W面的倾角γ。简言之,正平线AB的投影特性是:

(1) $a'b' = AB$;

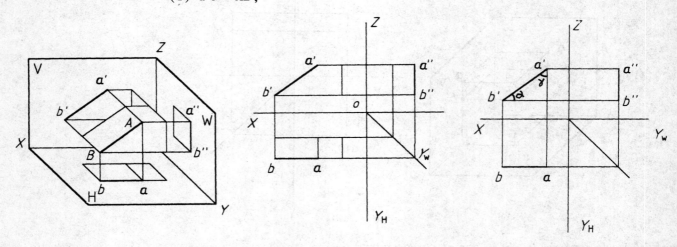

图2-22 投影面的平行线　　　　　　　　　　　图2-23 投影面平行线的投影

（2）$ab // OX$，$a''b'' // OZ$；

（3）$a'b'$反映倾角α和γ（图2-23）。

其余如水平线、侧平线有类似的投影特性，见表2-1。

表 2-1 投影面平行线的投影特性

	空间位置直观图	投 影 图	投影特性
正平线	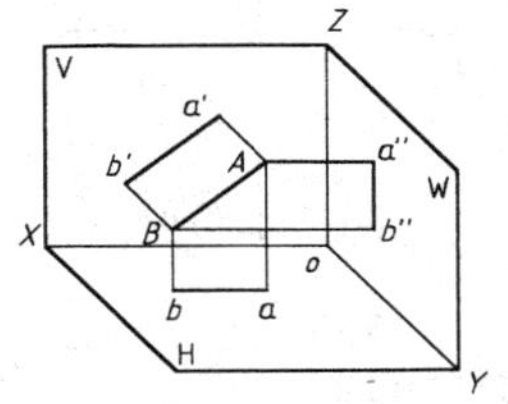	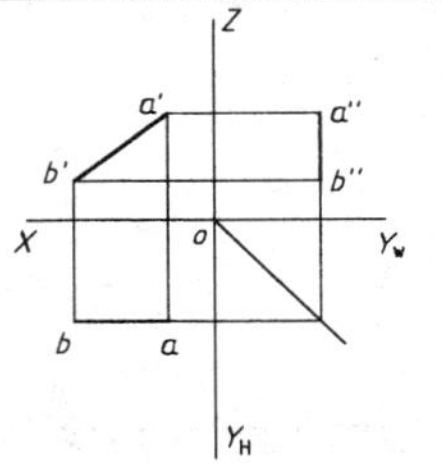	1. $a'b' = AB$，反映α、γ 2. $ab // OX$ 3. $a''b'' // OZ$
水平线	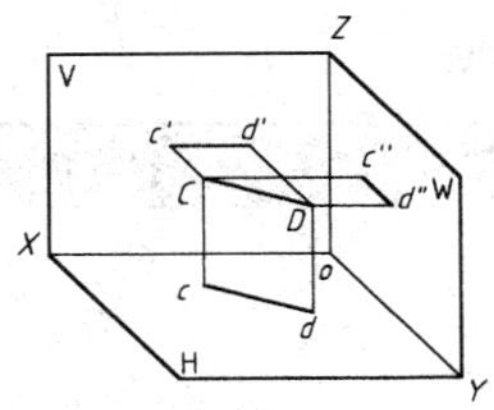	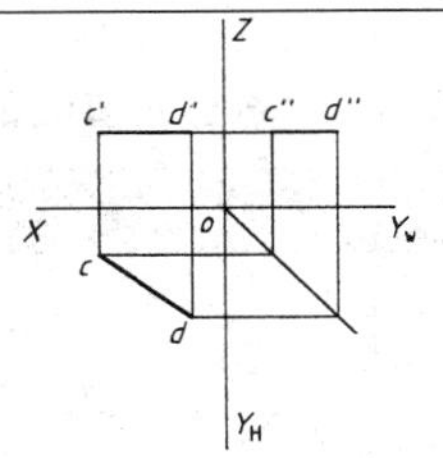	1. $cd = CD$，反映β、γ 2. $c'd' // OX$ 3. $c''d'' // OY_W$
侧平行	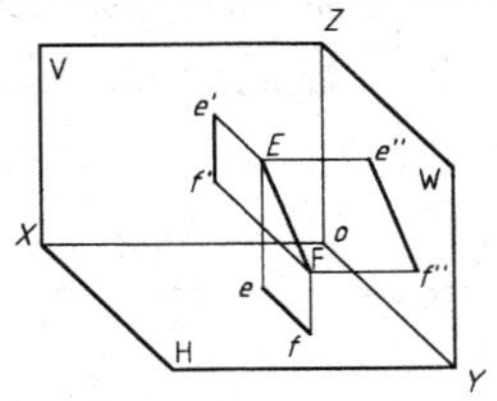	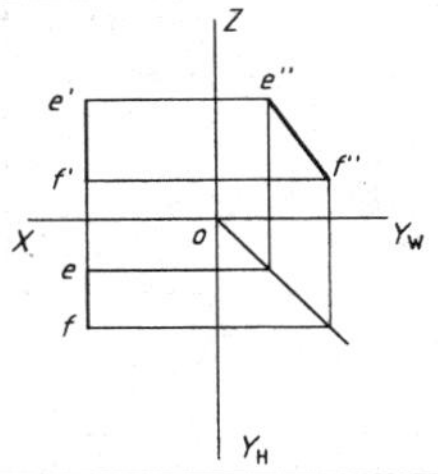	1. $e''f'' = EF$，反映α、β 2. $e'f' // OZ$ 3. $ef // OY_H$

2. 投影面垂直线

在三面投影的体系中，垂直于一个投影面的直线称为投影面垂直线，简称垂线，也有3种，即

正垂线——垂直于正面V的直线；

铅垂线——垂直于水平面H的直线；

侧垂线——垂直于侧面W的直线。

以正垂线为例，如图2-24所示。我们取物体上垂直于正面的直线AC来分析。根据正投影的特性，正垂线，由于垂直于正面，那么正面投影必积聚成一个点，而水平投影和侧面投影分别垂直于OX和OZ轴，也就必须平行于水平面和侧面，因此其水平投影和侧面投影都反映直线实长。简言之，正垂线的投影特性是：

（1）$a'c'$积聚成一点；

（2）$ac \perp OX$，$ac = AC$；

（3）$a''c'' \perp OZ$，$a''c'' = AC$。

其余铅垂线和侧垂线也有类似的投影特性，见表2-2。

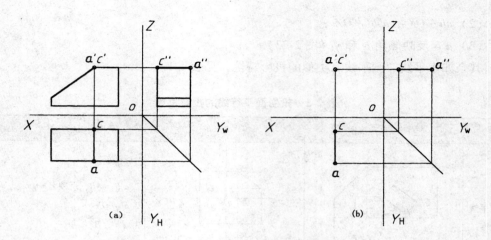

图 2-24 物体上直线的投影——投影面垂直线

表 2-2 投影面垂直线的投影特性

	空间位置直观图	投影图	投影特性
正垂线			1. $a'b'$积聚成一点 2. $ab \perp OX$, $a''b'' \perp OZ$ 3. $ab = a''b'' = AB$
铅垂线			1. cd积聚成一点 2. $c'd' \perp OX$, $c''d'' \perp OY_W$ 3. $c'd' = c''d'' = CD$
侧垂线			1. $e''f''$积聚成一点 2. $e'f' \perp OZ$, $ef \perp OY_H$ 3. $e'f' = ef = EF$

3. 一般位置直线

对与任何投影面都不平行也不垂直的直线称为一般位置直线。由于直线倾斜于各投影面,因此 3 个面的投影也均为倾斜直线,既不反映实长也不积聚成点。

如图 2-25 中四棱锥上的一条棱边 SA,处于这样的位置时,就是一般位置直线。从投影图上可以看到，3个投影均为倾斜的直线。

2.3.3 平面的投影

按平面在三投影体系中的位置关系，可以将平面的投影分为投影面的平行面、投影面的垂直面和一般位置平面三种类型，其前两种又因相对每个投影面的位置不同产生不同的平行面和垂直面。

1. 投影面平行面

在三投影面的体系中，平行于某一投影面的平面称为投影面平行面，简称平行面，平行面有3种：

正平面——平行于正面V的平面；

水平面——平行于水平面H的平面；

侧平面——平行于侧平面W的平面。

平行面的投影特性为：平行的投影面上反映平面的实际形状。平行于一个投影面，必然垂直于其他两个投影面，所以另外两个投影都积聚成直线，并且分别平行于相应的投影轴。

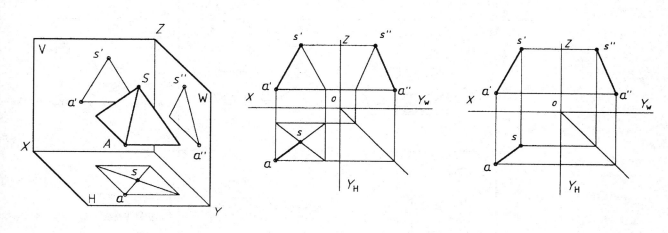

图 2-25 物体上直线的投影——一般位置直线

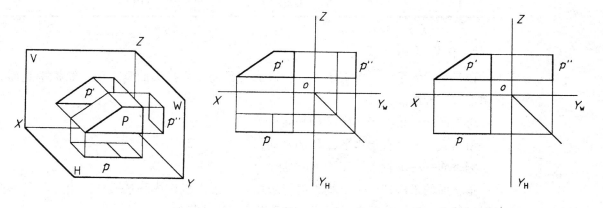

图 2-26 立体上某一正平面的投影　　　图 2-27 投影面平行面的投影

以正平面为例,如图 2-26 中的立体上有一个表面 P 平行于 V 面,因此该平面在 V 面上的投影就反映实形,其水平投影和侧面投影,分别是平行于 OX 和 OZ 的积聚性直线。简言之,正平面 P 的投影特性是:

(1) $p' = P$,反映实形;

(2) p 积聚成直线,$p /\!/ OX$;

(3) p'' 积聚成直线,$p'' /\!/ OZ$(图 2-27)。

其余如水平面、侧平面都有相似的投影特性,见表 2-3。

表 2-3 投影面平行面的投影特性

	空间位置直观图	投 影 图	投影特性
正平面			1. $p' = P$,反映实形 2. p 积聚成直线,$p /\!/ OX$ 3. p'' 积聚成直线,$p'' /\!/ OZ$
水平面			1. $q = Q$,反映实形 2. q' 积聚成直线,$q' /\!/ OX$ 3. q'' 积聚成直线,$q'' /\!/ OY_W$
侧平面			1. $r'' = R$,反映实形 2. r' 积聚成直线,$r' /\!/ OZ$ 3. r 积聚成直线,$r /\!/ OY_H$

2. 投影面垂直面

在三投影体系中,垂直于某一投影面的平面称为投影面垂直面,简称垂直面。垂直面也有 3 种情况:

正垂面——垂直于正面 V 的平面;

铅垂面——垂直于水平面 H 的平面;

侧垂面——垂直于侧面 W 的平面。

垂直面的投影特性为:垂直的投影面上,投影积聚成一条直线。由于与另外两个投影面倾斜,所以这两个投影不反映实形,但形状相似。

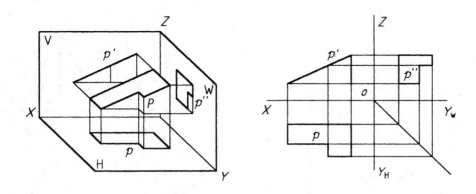

图 2-28 立体上某一垂直面的投影

现以正垂面为例进行分析,图 2-28 中的 P 面是正垂面,所以在 V 面上积聚成一条线,并且反映 P 平面与 H 面的倾角 α,与 W 面的倾角 γ。水平投影与侧面投影均不反映实形,但形状相似。简言之,正垂面的投影特性是:

(1) p' 积聚成直线,反映 α,γ 角;
(2) p,p'' 均为相似图形,都不反映实形。

另外,如铅垂面、侧垂面都具有类似的投影特性,可见表 2-4。

表 2-4 投影面垂直面的投影特性

	空间位置直观图	投 影 图	投影特性
正垂面			1. p' 积聚成直线,反映 α,γ 角 2. p,p'' 为形状相似的两个图形
铅垂面			1. q 积聚成直线,反映 β,γ 角 2. q'、q'' 为形状相似的两个图形
侧垂面			1. r'' 积聚成直线,反映 α,β 角 2. r',r 为形状相似的两个图形

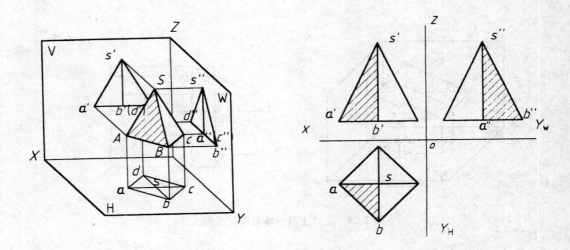

图 2-29　一般位置平面的投影

3. 一般位置平面

与 3 个投影面既不平行也不垂直的平面为一般位置平面。所以，一般位置平面相对 3 个投影面都倾斜。如图 2-29 中四棱锥表面 SAB 就是一个例子。

从图 2-29 上可以看出，一般位置平面的三个投影都是图形，而且没有一个图形反映平面的实形，也不反映与投影面的倾角。但三个图形形状相似，如 SAB 是三角形，另外 2 个投影也是三角形。

画一般位置平面的投影，可先画出各点的投影，连成直线，再用线连成面。画出平面图形的投影。

2.4　曲面立体和曲面的投影

立体除了由若干个平面组成以外，还可以由曲面和平面构成，或完全由曲面构成。一般前者叫平面立体，后两种称作曲面立体。显然，产品设计中的若干曲面造型，包括家具的腿形，灯具的造型，室内设计中的柱饰、拱门，以及空间展示的圆柱形展台或展面，都离不开曲面立体的画图问题。所以研究曲面立体的图样表达同样是十分重要的（图 2-30）。

曲面立体常见的有圆柱、圆锥、圆球和圆环，在实际应用时，往往不是一个完整的曲面立体，而是其中的一部分，除了这些规则的几何形体外，还有不规则的复杂的

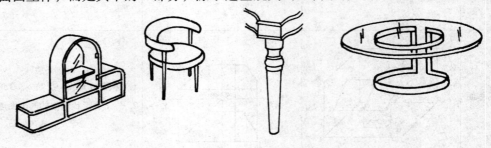

图 2-30　曲面立体应用示例

曲面，表达方法就另有特点。规则的曲面立体，由于形状完整、规则，制造比较方便。这里首先介绍以上 4 种基本曲面立体的视图和它们的投影特性。

2.4.1 圆柱

1. 圆柱的形成

圆柱的形成是由一已知轴线 OO，另一已知平行的直线 AB 作为母线，绕 OO 轴线保持等距离旋转形成的轨迹即为圆柱面，上下加顶圆和底圆就成了圆柱体。在圆柱面形成的过程中，母线 AB 上任一点的运动轨迹都是直径相等的圆。若一个矩形平面以自身某一边为轴线旋转一周，该平面的轨迹也是一个圆柱体（图 2-31）。

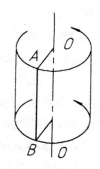

图 2-31 圆柱的形成

2. 圆柱体的投影

设圆柱体的轴线为铅垂线，如图 2-32（a）所示，这样进行投影将得到图 2-32（b）中的 3 个投影。首先回转轴在水平投影上积聚成一点，因为母线与轴线平行也是铅垂线，在水平投影面上同样具有积聚性，当母线绕轴作等距离旋转时其轨迹就表现为一个圆。可见圆柱面投影成圆也具有积聚性特点。即任何点或线只要是在圆柱表面上，其某一投影就落在圆柱面的投影圆周上。

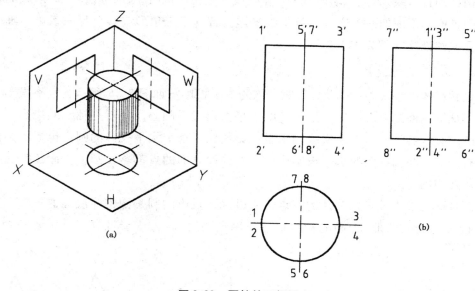

图 2-32 圆柱的三视图

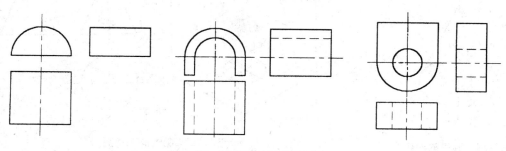

图 2-33 圆柱的几种变化形式

画视图时，先画水平投影位置，用垂直相交的点画线表示圆的中心线，交点圆心即轴的积聚性投影。在工程图样中，圆或大于半圆的圆弧，都必须用点画线画出中心位置。同时用点画线画出轴线的正面投影和侧面投影。注意：以上3个投影面上的点画线是画圆柱的定位中心线和轴线，作图时必须首先画出，然后再画水平投影的圆，按圆直径的大小画正面投影和侧面投影的图形。

从图2-32（b）中可看出，圆柱体的正面投影和侧面投影是两个相同的矩形，中间各有一条点画线表示轴的投影。由于圆柱体顶面和底面是水平面，所以除了水平投影反映实形外，其他两投影都积聚成直线，所以矩形上下两条水平线是顶圆和底圆的投影，左右两条垂线是圆柱面投影的最外轮廓素线。我们称某一位置的母线为素线，所以一般叫最外轮廓素线。如图2-32（b）中的1′、2′、3′、4′是圆柱体左右的最外轮廓素线，5″、6″、7″、8″是圆柱体前后的最外轮廓素线。

圆柱体还可以表现为内表面形式如圆柱形的孔，或半圆柱体，1/4圆柱体和空心圆柱体等。图2-33中例举了几种其他形式，读者可分析其三视图的投影及相互关系。

2.4.2 圆 锥

1. 圆锥的形成

当已知直母线 AB 与回转轴线 OO 相交成一定角度保持不变，旋转一周形成的轨迹就是圆锥面，下面加一个底圆，就是圆锥体。若一个三角形绕其自身一条边为轴线旋转也形成圆锥体（图2-34）。

2. 圆锥体的投影

设圆锥体的轴线为铅垂线位置时，它的3个投影图如图2-35所示。水平投影为一个圆，从圆柱面的形成可知，锥顶 S 的水平投影正在圆心，也就是轴线的投影。水平投影的中心线实际上是4条素线的水平投影位置。这个水平投影的圆，包括了圆锥面上所有的点，与圆柱体的水平投影不同，圆柱面表面的点都落在圆上，而圆锥面上的点都落在圆内。

圆锥面的投影没有积聚性的特点，所以水平投影的圆是圆锥体底圆的投影，其他两个投影均为三角形。中间的轴线仍然要用点画线画出。读者可自行分析各条轮廓素

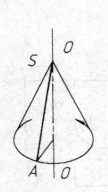

图2-34　圆锥的形成

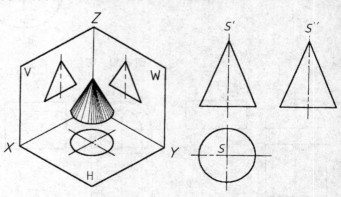

图2-35　圆锥的三视图

2.4.3 圆 球

1. 圆球的形成

当一圆以自身一中心线为回转轴，旋转一周形成圆球面。由于母线本身为圆，所以球的 3 个投影都为圆，无论轴线处于任何位置都一样（图 2-37）。

2. 圆球体的投影

虽然圆球体的 3 个投影都是圆，但它们所代表的最外轮廓素线的位置却不同。正面投影的圆，是该球表面上平行于正面的最大一个圆的投影。同样水平投影圆是平行于水平面的最大的一个圆的投影，侧面也是如此。正好这些圆都是两个半球中间的对称面，如正投影是前半球和后半球的对称面，水平投影是上半球和下半球的对称面，侧面投影是左半球和右半球的对称面。球面上的任何点的投影都没有积聚性。除了在轮廓素线上外，其余都落在圆内。

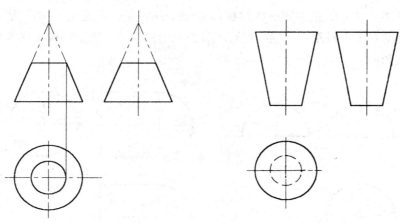

图 2-36　圆锥台和倒圆锥台

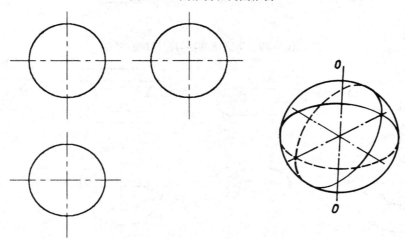

图 2-37　圆球的形成及其投影

当半个圆球进行投影时,其中只有一个投影是整圆,其余两个投影均为半圆。如半圆球和直径相等的圆柱体如图 2-38 那样连接起来,注意球面和圆柱面相切部分不画实线。表现为圆的图形上都应画出垂直相交的中心线。

2.4.4　圆　环

1. 圆环的形成

一个圆母线绕一与圆处在同一平面内的回转轴旋转,形成的轨迹就是圆环。圆环因回转轴离圆母线距离不同形成的回转体也不相同,常见的中空圆环三视图如图 2-39 所示。

2. 圆环的投影

图 2-39 中是轴线为铅垂线时圆环的三视图。其中俯视图上点画线圆是小圆（母线圆）圆心的旋转轨迹。从图 2-39 中可见,圆环表面可分为外环面和内环面,这两种环面在家具或产品造型中经常见到,应用比较广泛。

图 2-40 中是内环面的立体三视图,注意内环面各中心点画线不要漏画。

综上所述 4 种曲面立体的形成过程,有一个共同点,都是由一母线绕一回转轴旋转而成。因此在 3 个投影中,轴线投影积聚为点的投影,其曲面的投影必为圆,其余 2 个投影形状相同。

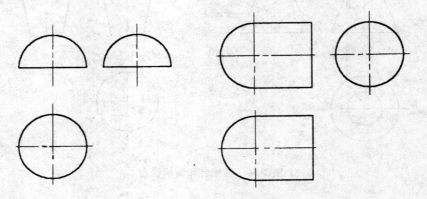

图 2-38　半圆球及其与圆柱体的组合

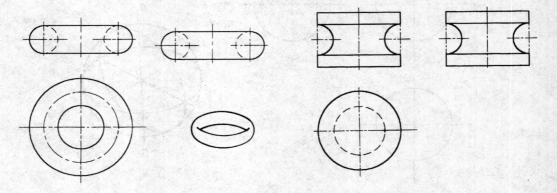

图 2-39　圆环的三视图　　　　　**图 2-40　带内圆环面的立体三视图**

图 2-41 是一个家具产品的零件图,由于是回转体,有两个视图相同,一个视图必为圆,在图样上两个相同的视图只需画一个,表现为圆的视图也可以省略不画,而用直径符号的表注说明它是圆形。从回转体组合体的例子(图 2-42)我们看到,曲面立体的应用是多种多样的,这个零件就包含了前面所讲的 4 种回转体。具体画图时,要多加分析。

2.4.5 圆柱螺旋线及螺旋面

1. 圆柱螺旋线的形成

一个动点沿着圆柱面的母线作匀速直线运动,同时该母线又绕圆柱面轴线作匀速转动,点的这种复合运动的轨迹,就是一条圆柱螺旋线。圆柱螺旋线是该圆柱面上的一条曲线。当直线旋转一周回到原来位置时,动点在该直线上移动了的距离称为螺旋线的螺距。只要给出圆柱的直径和螺旋线的螺距,就能确定该圆柱螺旋线的形状(图 2-43)。

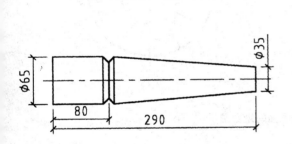

图 2-41 一个视图表示的回转体零件

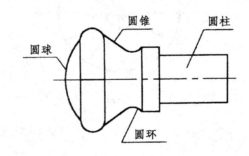

图 2-42 回转面组合体一例

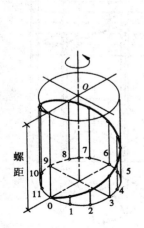

图 2-43 圆柱右螺旋线

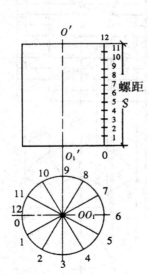
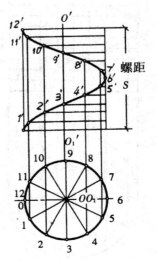

图 2-44 圆柱右螺旋线的投影图

2. 圆柱螺旋线的投影

设圆柱轴线垂直于H面,根据圆柱的直径和螺距,作出圆柱的V、H面投影。将

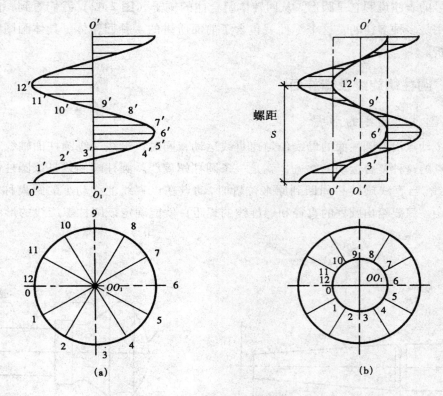

图 2-45 螺旋面的投影图

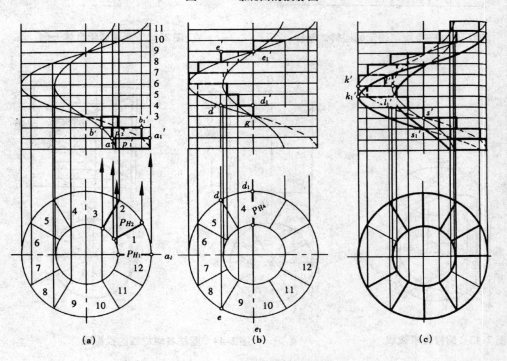

图 2-46 螺旋楼梯的投影图

圆柱面的 H 面投影的圆周分为若干等份（如图 2-44 分为 12 等份）把螺距也分成相同等份，分别按顺序标出各等分点的代号为 0，1，2，…，11，12。从 H 面投影的圆周上各等分点引连线到 V 面投影，与螺距相对应的分点引的水平线相交，得螺旋线上各点的 V 面投影 0′，1′，2′，…，11′，12′。将这些点用光滑的曲线连接起来便得螺旋线的 V 面的投影。这是一条正弦曲线，在圆柱后面部分的一段螺旋线不可见而画虚线。圆柱螺旋线的水平投影，落在圆周上。螺旋线展开是一个直角三角形的斜边。

图 2-44 中所作的螺旋线是从左向右经过圆柱面的前面而上升的，称为右螺旋线。若螺旋线是从右向左经过圆柱面的前面而上升的，称为左螺旋线。

3. 螺旋面的形成及投影

平行于基底面的直母线，一端以圆柱中心轴为导线，另一端以螺旋线为导线等速运行所形成的轨迹是螺旋面。其投影如图 2-45，把螺旋面的 H 面的投影分为 12 等份，每一等份就是螺旋楼梯上一个踏面的水平投影，高度方向的每一等份就是一个台阶的高度。所以，根据这个原理画螺旋楼梯就方便了（图 2-46）。

2.4.6 锥状面

1. 锥状面的形成

锥状面是由直母线沿着一根直导线和一根曲导线移动，并始终平行于一个导平面而形成的表面。如图 2-47 可见锥状面的直母线 AC 沿着直导线 CD 和曲导线 AB 移动，并始终平行于铅垂的导平面 P 形成的运动轨迹就是锥状面。

2. 锥状面的投影

当导平面 P 平行于 W 面时其锥状面的 3 个投影如图 2-47 所示（图中没有画出导平面 P）。锥状面的曲导线可以是抛物线，也可以是圆弧线的一部分。从俯视图看是一个矩形，整个锥状面在 3 个投影图上都没有积聚性。

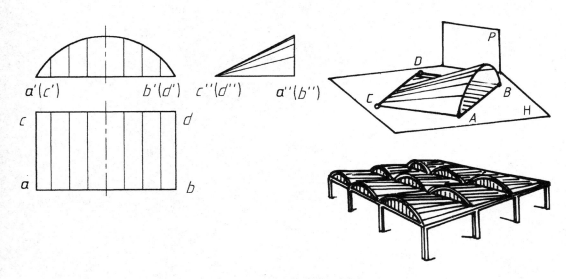

图 2-47 锥状面的形成及投影

2.4.7 柱状面

1. 柱状面的形成

柱状面是由直母线沿着两根曲导线移动,并始终平行于一个平面而形成的表面。如图 2-48 所示,柱状面的直母线 AC,沿着曲导线 AB 和 CD 移动,并始终平行于铅垂的导平面 P 形成的运动轨迹就是柱状面。

2. 柱状面的投影

图中当导平面 P 平行于 W 面时,该柱状面的投影如图 2-48 所示(图中没有画出导平面 P)。柱状面上的曲导线可以是抛物线,也可以是圆弧线的一部分。俯视图也是一个矩形,并且柱状面在 3 个投影图上亦没有积聚性。

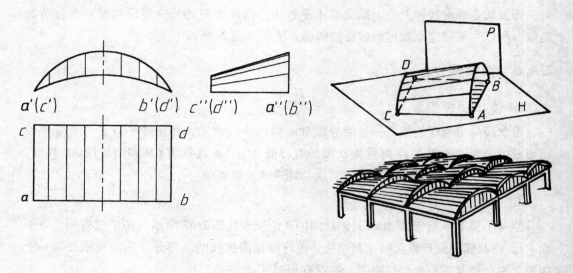

图 2-48　柱状面的形成及投影

3 视图分析和绘图方法

在掌握了点、直线和平面，以及简单几何体的投影画法和投影特性的基础上，我们就可以对较复杂的物体进行分析，从而正确地画出视图，以及由视图想像空间立体的形状。学会这些分析方法无论是实际应用还是提高空间思维能力都是十分必要的。

3.1 形体分析和线面分析

对于一个比较复杂的物体的形状进行仔细分析，才能比较容易地看懂视图和正确地画出视图。分析的方法一般有形体分析和线面分析两类，具体分析时要根据实际情况选用，还常常要综合各种方法，灵活分析和应用。

3.1.1 形体分析法

把一个物体假想分解为几个简单几何体的组合或经过几次切割而成，这样就可以利用我们掌握的简单几何体的投影基础，化难为易，以便看图和画图，这种方法就是形体分析法。形体分析法又可以分为叠加法和切割法两种。

1. 叠加法

叠加法就如幼儿园小朋友搭积木一样，一块一块地放上去。如图 3-1 中这个物体，从它的两个基本视图可以看出，虽然形体比较复杂，但对应上下关系我们可以把它分成 4 个部分，左右是两块比较薄的三角形体，中间的上面是一个去掉了半个圆柱体的矩形立方体，开口朝上摆放，其厚度比三角形体大，物体的最下面是一个长的矩形立方体，但虚线说明该立方体的后面被切掉了一块，分别画出这 4 个部分的三视图，

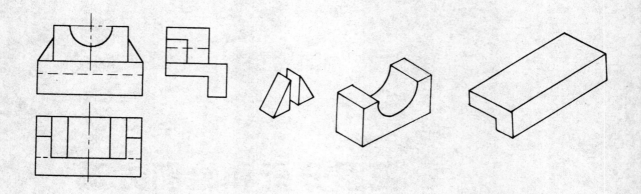

图 3-1 叠加法

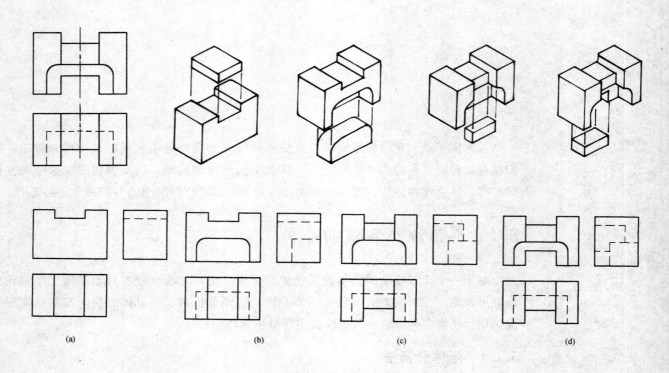

图 3-2 切割法

然后进行叠加,得到物体的左视图,这样的画图过程就变得简单多了。并且每一部分都符合长对正、高平齐、深相等的规律。

2. 切割法

切割法就是将一简单的形体一块一块地切割而成。分析方法如图3-2。在分析过程中每一步都应注意3个视图的相互对照。直到分析完成,就画出了图中没有画出的左视图了,由图3-2(c)可见,由于切割的部分都在物体的中间,所以左视图看到的都是虚线,因为被侧面挡住了。

下面的这个例子我们分成两部分来讨论,如图3-3。上半部分是一个矩形立方体,然后被切割了一块矩形,中间再从前向后打了圆孔;下半部分是长方形的底座,中间

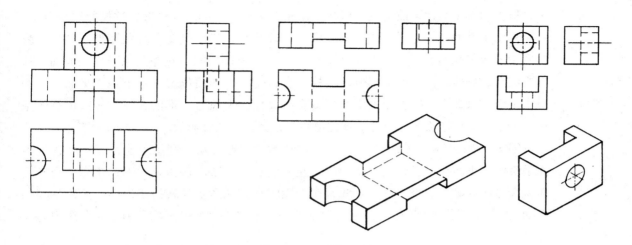

图 3-3 叠加与切割的综合

和后面切割了等宽的矩形，左右两边打了半圆形的开口。将上下两部分的左视图叠加起来就完成了总的投影。这个例子实际上既包含叠加又有切割，是一个综合应用的题目，应该逐步加以分析。

3.1.2 线面分析法

应用点、线、面的投影特性来分析物体表面上的点、线、面及其相对位置，从而掌握物体整体的投影，这种方法就是线面分析法。

1. 线——图中线的含义

凡视图都是由线段或是由线段围成的线框构成的，要运用线面分析法首先要熟悉视图上出现的线条可能表示的各种含义，以及线框表示的面的形状和与投影面的相对位置。图3-4中画了4个不同形状物体的2个视图。但是从主视图上的线和线框形状看却是相同的。这首先说明仅看一个视图一般是不能确定物体的形状的，一定要联系已知的有关视图一起来看。如图3-4中各图都联系俯视图来观察，就可发现主视图中间的同一条垂直线就反映着不同的几何要素。其中图3-4（a）表示一个具有积聚性的平面；图3-4（b）是2个平面的交线；图3-4（c）是一个平面和一个曲面的交线；图3-4（d）则是2个曲面的交线。图3-4（d）中主视图最右侧的垂直线却是圆柱的最外轮廓素线。其余的一些线条所表示的空间几何要素读者可自行对照分析。

从图3-5我们来分析图中右边封闭的线框所代表的面的意义和位置。可以看出一个线框的含义可能是：①平行于投影面的平面；②倾斜于投影面的平面；③曲面的投影。

相邻两线框表示2个面相交（中间是交线），或2个面有前后、上下（中间是积聚性平面）位置不同。由此可知一个线框仅代表一个面，一个面表示为一个线框，中间就不应再有实线。反之中间有实线就不是一个面。当然，这里的分析是指一个整块物体，而不是由几块装配起来的物体。

2. 面——主要应用垂直面的投影特性：一线两框，形相类似

我们来分析几个例子。图3-6中的立体，我们可以清楚地看到，这是由一个矩形

的物体被切割了数次形成的立体形状。首先看主视图上的斜线位置，按投影原理分析，这是一个正垂面，正面积聚成一条直线，另外 2 个投影面是 2 个形状相似的图形，就是图中的带斜线的面，这个面在 3 个视图上的投影仍然符合三等关系。另一方面，从左视图看，物体上面的前半部分被切掉一块，这 2 个切面位置，一个是正平面，一个是水平面，这 2 个面在侧面投影上都具有积聚性，表现为 L 形的开口。所以该物体是被 3 个平面所切形成的。对照立体图分析三视图是比较容易的。

图 3-7 中的物体，仍然是一个矩形被切割的问题。从主视图上看，有一个正投影面垂直面，正面投影积聚成一条斜线，左视图和俯视图表现为五边形；还有一个侧垂面，在侧面投影上积聚成一条斜线，在主视图和俯视图上反映是四边形。无论是哪一个面，在 3 个视图上的投影也都符合长对正、高平齐、深相等的原则。注意图中每一

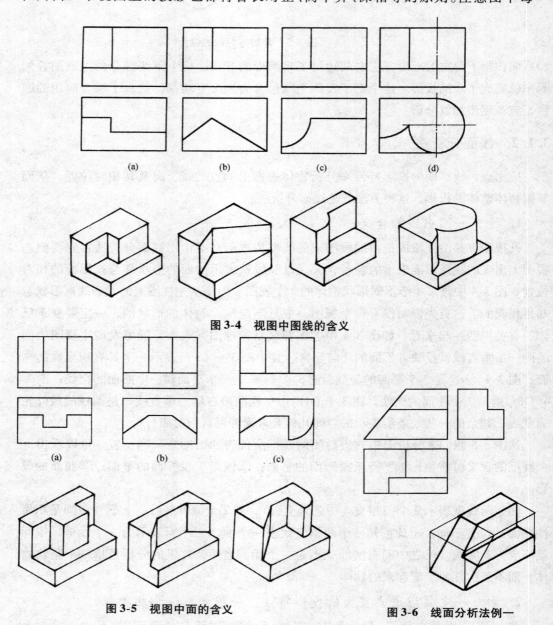

图 3-4　视图中图线的含义

图 3-5　视图中面的含义　　　　　　　　　图 3-6　线面分析法例一

个斜面上各个交点的投影都是对应的,如组成侧垂面的1、2、3、4点。大家可以逐个加以分析。

图3-8中的立体是在一个矩形立方体上方从左向右开一个梯形槽,然后用一个正垂面切去左上角,所以正投影面上是去掉一个角的矩形,梯形槽是由两个侧垂面加一水平面组成的,所以侧面投影是一个积聚的梯形开口,俯视图上,虚线表示梯形槽底的投影位置,底面是一个长方形,开口槽底边1、2点位置可以由主视图上虚线与斜面的交点来确定。

图3-9中的立体是将一个矩形立方体的中间切一个向上的开口槽。再从左向右用一个侧垂面切去一个角,俯视图上开口槽底面的深度由左视图的斜面和虚线的交点来确定。

最后看图3-10,这是3个斜面的梯形立方体,从前向后开了一个矩形槽,首先分析立方体的3个斜面的位置。从主视图分析,左右2个斜面是正垂面,从左视图看前面的斜面是侧垂面,矩形槽底面的深度可以从左视图上虚线与斜面的交点来确定。

以上的几个例子都是利用了投影面垂直面的投影特性,找到面与面的交线位置(图上常是两积聚性直线的交点),并且利用相似形分析垂直面的另外两个投影,这种方法在画图时应用比较多。实际上这些物体也是由简单的几何体经过特殊位置面切割而成的。

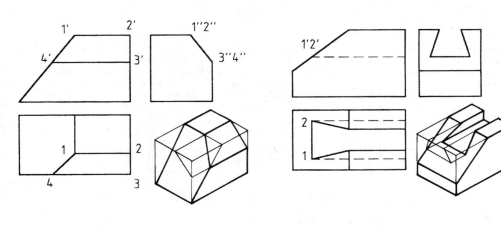

图3-7　线面分析法例二　　　　　　图3-8　线面分析法例三

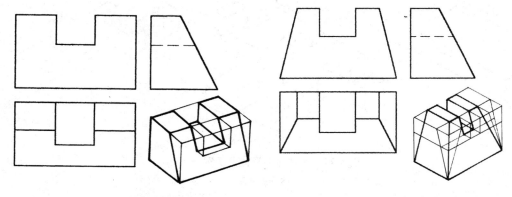

图3-9　线面分析法例四　　　　　　图3-10　线面分析法例五

3.2 画视图与看视图

学习制图的最终目的是为了能够看懂复杂物体的投影图,同时又能将已知物体用投影图画出来,看视图与画视图都有一个训练过程。我们首先介绍画视图的方法。

3.2.1 画视图的方法

无论是根据实际物体、模型还是立体图,画三视图的方法和步骤是基本相同的。具体过程如下:

1. 首先确定物体的摆放位置,即在三投影面体系中的位置,从而确定3个视图的投影方向。其中主视图的选择特别重要,要使它尽可能反映物体的特征。摆放位置时还尽可能使各视图都看得见。避免多画虚线。对于立体图也一样,而且要彻底看清其几何形状再动手画图。

2. 进行形体分析和线面分析。采用什么分析方法可视具体形状而定。而且形体分析法中要分解立体简单到什么程度,也可由个人已具有的基础而定,目的是弄清楚形状。需要时可能各种方法都用。

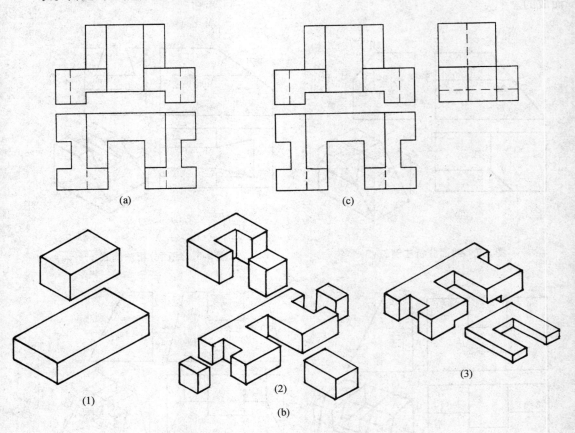

图 3-11 组合体的形体分析例一

(a) 已知两视图　(b) 立体分析过程　(c) 求出第三视图

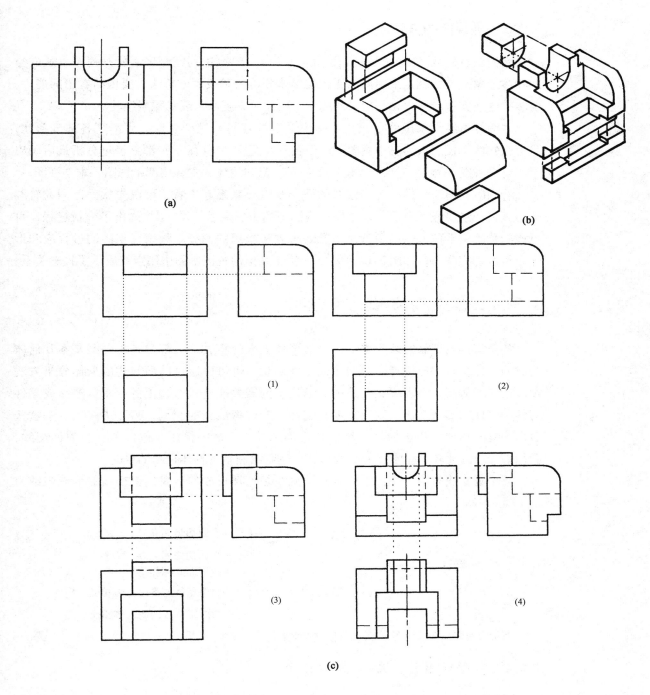

图 3-12 组合体的形体分析例二
(a) 已知两视图 (b) 立体分析过程 (c) 求出第三视图

3. 边分析边画图，有关视图联系画。如前面分析所举各例那样，对于有回转体的物体，应先画表现为圆的视图。画时注意各视图间的等量关系，即主视图、左视图等高，主视图、俯视图等宽，俯视图、左视图等深。

4. 画图先打底稿，画完三视图后检查无误才开始加深。加深时对 3 个视图的平行线、垂直线应分别逐条画出，这样既保证投影关系正确，又提高了绘图速度。

3.2.2 看视图的方法

看视图就是从已知的视图出发，经过分析、想像达到完全理解所画视图表达的空间物体形象。方法就是采用前面所述的形体分析法和线面分析法。要提高看图的能力，要掌握这些方法应通过相当数量的练习，由简单到复杂，逐步积累经验。

看图练习经常采用的手段，或是说借以检查是否完全看懂，弄清楚各部分形状，是由已知两个视图求第三个视图。前面图 3-6 至图 3-10 所示，都是经过分析最后画出了第三个视图。再举一例，如图 3-11 所示，已知物体的主、俯两个视图，求左视图。

看图时要循序渐进。对于已知的两个视图要联系起来看，可以先从大范围的轮廓开始，再仔细研究各个部分，用尺找两视图的投影关系。图 3-11 画出了分析过程，可见该例是既用堆积法也用切割法，是综合方法应用的例子。画第三视图的过程应和形体分析过程相联系，如图 3-12 所示，一步步画出俯视图，图中用点线表示了投影关系。

3.3 立体表面交线的画法

各类家具或产品的某些零部件，从形体上来分析，绝大部分是由一些基本几何体构成的。即使看来比较复杂的物体或零件形状，也可以通过前面叙述的形体分析方法加以认识，从而正确表达。但是由于结构上的需要或艺术造型上的要求，产品或零件有多种多样的形状变化，以及零件装配在一起也形成新的交线，需要进一步了解这些表面交线的形成、投影特性，研究其正确画法。所举的例子，包含了一些表面交线，我们首先研究比较简单常见的交线形状。达到绘制基本物体视图的目的。

要了解交线的画法，首先应该知道交线是怎样形成的。我们把交线的形成归纳为以下类型：

下面我们分别讨论各种类型的交线画法。

3.3.1 平面切平面立体

对于某些零件或部件的形状，可以将它理解为某个简单几何体，被一些不同位置的平面所切割而形成的。在图上常使切割平面处于垂直面位置，从而利用垂直面的投影特性来正确画图。最简单的例如家具的一只脚，如图 3-13（a）所示，这种情况可以理解为是一个倒锥台［图 3-13（b）］的 1/4。

下面再分析几个典型几何体被切割后交线的画法。

3.3 立体表面交线的画法

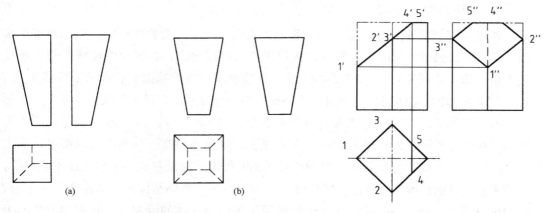

图 3-13 某家具脚的形体分析

图 3-14 四棱柱被一正垂面所切

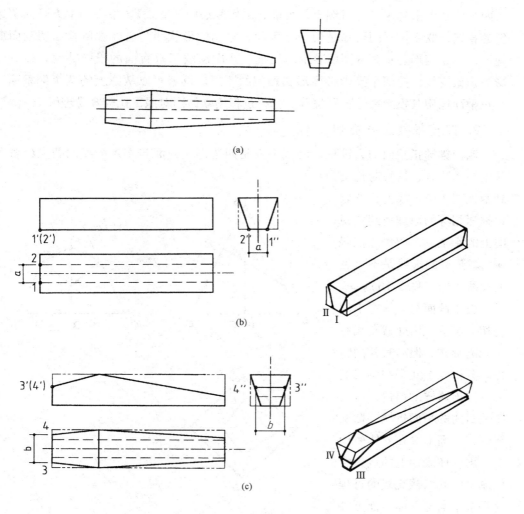

图 3-15 拉手的形体分析

（a）拉手的三视图 （b）拉手切割过程一 （c）拉手切割过程二

1. 四棱柱被一正垂面所切

如图 3-14 摆放的四棱柱，用一个正垂面去切，因为正垂面在正面投影上具有积聚性，所以正面投影积聚成一条直线，从切面位置可以看出，切面与四棱柱上的 3 条棱线相切，切点分别是 1′、2′、3′，因为棱线是铅垂线，在俯视图上就积聚在棱线 1、2、3 上。另外，切面与四棱柱的顶面（水平面）有一交线 4′、5′是正垂线。从俯视图上可以看到，平面切割四棱柱的截面是一个五边形，由 1、2、3、4、5 点组成，有了主视图和俯视图的投影，画左视图的投影就方便了。按照高平齐、深相等的原则可以求出 1″、2″、3″、4″、5″，依次相连，得到所截平面的投影。注意左视图上的虚线不能漏掉，它是未被切到的棱线在左视图上的投影，因为不可见，所以是虚线。从这个例子分析，我们可以看出，垂直面的投影特性仍然适用于平面与立体的截交，在垂直的投影面上积聚成一条直线，另外两个投影是相似形，并且每一点都符合三等关系。

图 3-15 是一个家具拉手的三视图，图形比较复杂。分析它的形状，可以先从主视图和左视图入手，主视图是一个线框，即代表一个面。联系左视图就可以知道这是前后两个侧垂面重合了（左视图上是最前、最后两条倾斜直线）。主视图上方是向两边倾斜的直线，联系俯视图可知是两个正垂面，它们的形状因为已经被侧垂面切割而变成梯形，不是矩形。从三视图所表示的线框，几次反映了垂直面的投影特性，即一个投影为积聚直线，另两个投影必为形状相似的图形。读者可以从图上的两个侧垂面、两个正垂面运用其投影特性分别检验。分析过程用立体图对照，比较容易理解。

2. 四棱锥被正垂面切

四棱锥被正垂面切去锥顶，所截平面是四边形，截面与 4 条棱线的截点位置可以从主视图找到，按长对正交到俯视图 4 条棱线上，然后根据深相等的原理找到左视图上的 4 个点，依次连接起来，2″至 1″的虚线是不可见的棱线投影（图3-16）。

由于截面与立体有不同的相对位置，因此截交线有不同的形式，但有其共同特性。分析以上几个图例我们可以得出这样的结论：截交线是封闭的平面折线，截交线既在平面上又在立体表面上，由立体表面上的点集合而成，因此求截交线的过程就是求平面与立体表面上共有点的过程。

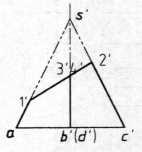
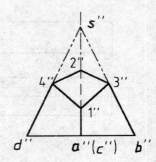
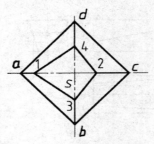

图 3-16 正四棱锥被正垂面所切

3.3.2 平面切曲面立体（回转体）

1. 平面切割圆柱体

垂直于轴线的平面切割圆柱时，其截交线将仍为圆。平行于轴线的平面切割圆柱，截交线是一个矩形，矩形的大小视切平面离轴线距离而定。图 3-17（a）是侧平面切割圆柱，矩形的宽度，可以从俯视图上交线 a 决定。图 3-17（b）是用一个水平面和一个侧平面切割圆柱体的一部分，水平投影为圆的一部分，侧面投影则是一个矩形，其高度与圆的水平面位置相等。图 3-17（c）左右切割圆柱体，除了主视图和俯视图的变化外，左视图没变，是由于切割的宽度相等，两个矩形重合。如果不等，左视图将会如何？请同学自己分析思考。图 3-17（d）的切割部分与图 3-17（c）相反，由于中间被切掉，所以从左视图看，最大直径的部分被切掉了。图 3-17（e）中圆柱穿一矩形孔，实际上可分析为由 4 个切平面组合切割而成。

图 3-18 是开一个矩形槽的空心圆柱，左视图被切掉的侧平面宽度不是空心圆柱的厚度 a 而是 b，并且位置向内移，因为最大直径的部分同样是被切掉了。

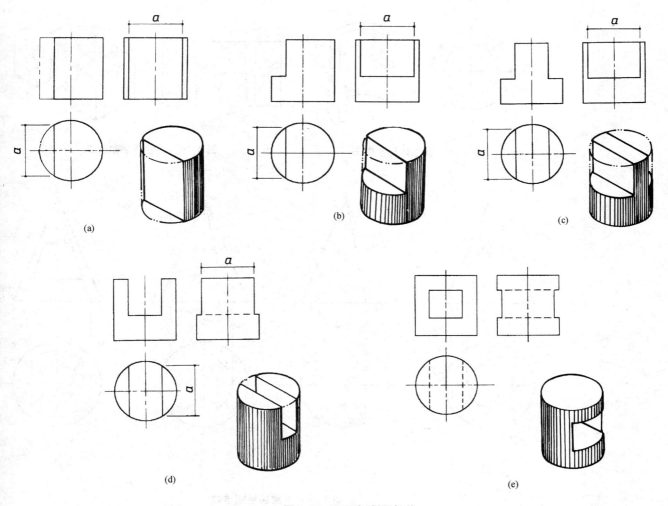

图 3-17　平面切割圆柱体

图 3-19 是一带半圆柱的矩形体前面切掉一个矩形槽。左视图的虚线发生了变化，没有切到的圆柱面的虚线位置不变，切掉部分的交线位置抬高了，这个高度由矩形开口的大小来决定，即开口越宽，图中的 b 越高。

2. 平面切割圆锥体

圆锥体被一个垂直于轴线的平面所切，切平面形状为一个圆，圆的直径随着切平面与锥顶或锥底的距离而变化。如图 3-20（a），切平面越高，截交线的直径越小；若切平面通过锥顶，其截交线为三角形，如图 3-20（b）所示，三角形的两边是圆锥的素线，底边 a 的宽度视切平面与轴线的夹角变化而变化。图 3-20（c）则是图 3-20（a）(b) 两种切割位置的组合。同样也可按这两个方向切成一个孔，如图 3-20（d）所示。

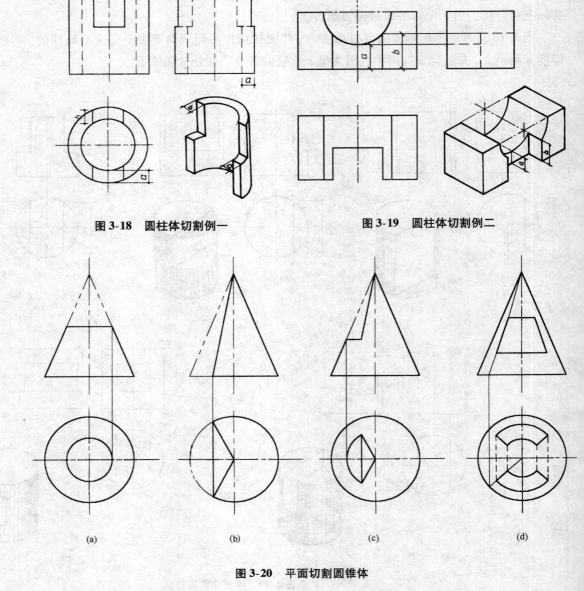

图 3-18　圆柱体切割例一　　　　图 3-19　圆柱体切割例二

(a)　　　(b)　　　(c)　　　(d)

图 3-20　平面切割圆锥体

图 3-21 是圆锥面的应用实例,即某椅背的一部分就利用空心的圆锥面,在图中可看到交线 13、24 是通过锥顶的,因此仍是直线,否则就会是曲线。

如果用与轴线倾斜或平行的面切圆锥体,得到的将可能是椭圆、抛物线或是双曲线,这里就不讨论了。

3. 平面与圆球相切

平面切割球体时,不管截面的位置如何,其交线的空间形状总是圆。当截平面平行于投影面时,截交线在该投影面上的投影反映圆的实形;在垂直于截平面的投影面上的投影为直线,其长度等于截交线的直径(图 3-22)。在倾斜于截平面的投影面上的投影为椭圆。

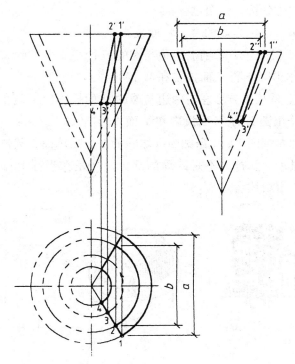

图 3-21　椅背——圆锥面的一部分

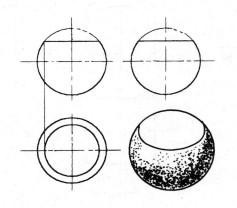

图 3-22　平面切割圆球

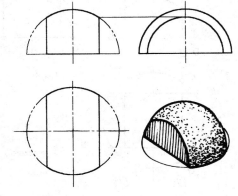

图 3-23　半圆球被平面所切

对于半圆球或球体的一部分，再为平面所切时，切平面同样为圆。当然也只是圆的部分而已，特别要注意画切平面圆时，圆心仍在球心的投影位置上。半径的大小等于平面与球面的切点到中心线的距离（图3-23）。

图3-24是一球体切割在建筑上应用的例子。已知球壳屋面的跨度 L 和球面的半径 R，求球壳屋面的投影。

根据已知条件，球壳屋面是一个直径为 $2R$ 的半球，被两对称的相距为 L 的投影面平行面所截，其中一对为正平面 $P_1 P_2$，另一对为侧平面 $Q_1 Q_2$。由 P_1、P_2 截得的截交线在V面的投影反映圆弧的实形，W面的投影积聚成2条直线。由 Q_1、Q_2 截得的交线在W面投影反映圆弧的实形，V面投影积聚成2条直线。截平面 $P_1 P_2$ 与 $Q_1 Q_2$ 的交线为4条铅垂线。根据上述分析，作图过程：

（1）按球的半径 R，作出半球的V、W面投影。

（2）在H面投影上延长正方形前后两边与球的H面投影轮廓线相交，求得截交线圆弧的直径 ab。由此作出圆弧的V面投影和W面投影。

（3）在H面投影上延长正方形左右两边与球的H面投影轮廓线相交，求得截交线圆弧的直径 cd。由此作出圆弧的W面投影和V面投影。

注意：在主视图和左视图上，2条圆弧线之间的部分是球面，圆弧以下的部分是平面。这个问题如果反过来，切掉的不是四周的部分，而是在半球上打一个方孔，其投影图形将会是什么样？留给读者思考。

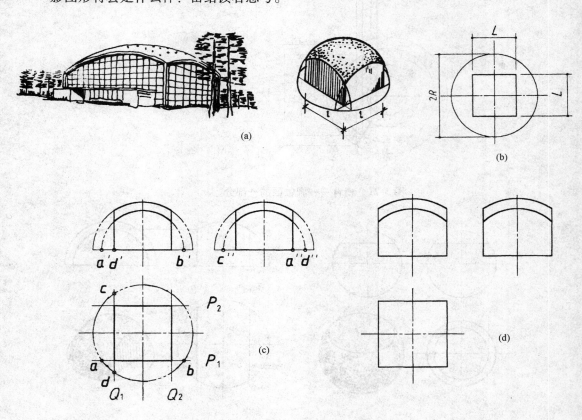

图3-24 球体切割在建筑上的应用

再看下面的例子，图 3-25 是在半球的中部打一个开口槽，实际上是 3 个面：1 个水平面和 2 个侧平面切割球体的问题，找到切口位置圆的直径，是解决问题的关键。从主视图可以看出，水平面的直径是将主视图上的水平线延长至球的外轮廓，得到 R，画水平投影的圆弧线；2 个侧平面的直径，可以按高平齐直接画水平线，确定左视图上圆弧顶点 a″，从 a″ 到球中心 O″ 的距离，就是左视图上圆弧的半径。

上面的问题如果开口不在球体的正中间，而是偏向一边，投影就改变了。具体投影过程读者可自行分析。

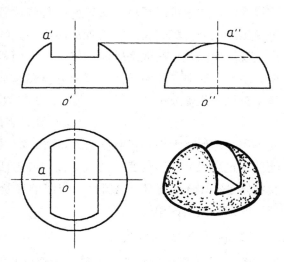

图 3-25　半球中部打一个开口槽

3.3.3　两平面立体相交

在家具产品造型上极为常见的是 2 个零件在空间结合在一起的情况，在制图上称为"相贯"，即 2 个立体相交。有平面立体的相交，也有曲面立体的相交，以及平面立体与曲面立体相交，相交的交线常称为"相贯线"。相贯线主要特点是交线的性质，既在这一个立体表面上，又在另一个立体表面上。由于相交的立体常常是有一定大小的，因此相贯线一般情况下是空间封闭折线或空间曲线。

1. 2 个四棱柱相交

图 3-26 是 2 个四棱柱，它们相交的交线就是一个空间的封闭折线。一般较简单的

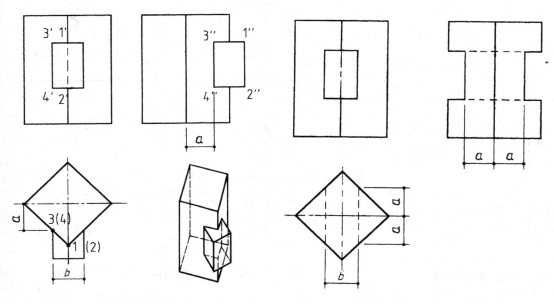

图 3-26　2 个四棱柱相交求交线　　　　　　图 3-27　四棱柱穿孔求交线

交线求法，常常可以利用相交表面的特殊位置，如用垂直面、平行面表现出的积聚性来求出。或分析相交表面的位置从而得出交线的位置，便于正确画出交线的投影。图中主视图中间矩形线框是横向立体4个表面积聚性直线，也就是交线的正面投影。从俯视图看，横向立体侧平面与竖向立体铅垂面相交的交线当然应该是铅垂线，所以3至4直线也积聚成一点3（4）。其余分析相似。

2个立体相交如此，若一立体穿个孔，表面也将出现交线。交线的形状仍然决定于立体和孔的形状大小和相对位置。如图3-27中，若横向棱柱孔的宽b变化，则必然影响到a这个尺寸，即改变交线的位置，换句话说b变宽，交线的开口变大。无论两相交物体是实体还是虚体（空洞），交线的形状不变。但要注意空心的孔有虚线不能漏掉，区别于两实体相交。

2. 棱锥与棱柱相交

图3-28是四棱锥台的4个斜面处于垂直面位置时，主视图、左视图可以反映积聚性投影。在四棱锥正面从前向后打一矩形孔，孔的4个表面在主视图上都具有积聚性，因此交线的正面投影也就是该矩形孔的正面投影。求矩形孔的水平投影，只要确定2个高度即可。这里用了2个方法：一个是直接利用左视图，量出2个高度位置在侧垂面上的Y坐标，由此找出水平投影，如图中箭头所示；二是在主视图上作辅助直线分别交于棱边A和B点，由此求出A和B的水平投影，得出矩形孔高度上的侧垂线的水平投影。

如果将四棱锥旋转45°成图3-29的位置，仍然是从前向后打一矩形孔，交线就不是落在一个棱面上，而要跨2个棱面，应该分别求出，当然左右两边是对称的，交线也是对称的。方法是引辅助线交于A、B两点，利用四棱柱表面上的水平线与底边平行的原理，求出3、4和1、2点的投影位置，再按深相等求得左视图上的投影。

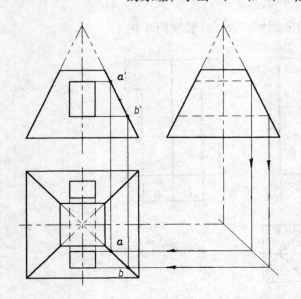

图3-28 四棱锥（台）穿孔求交线

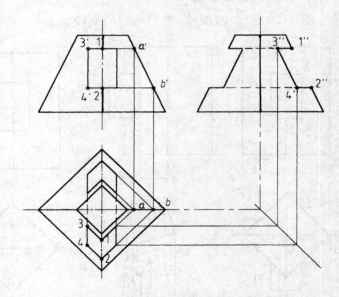

图3-29 转一角度后四棱锥（台）穿孔求交线

3.3.4 曲面立体与平面立体相交

1. 圆柱与矩形相交

图 3-30 所示是一个圆柱穿一个矩形孔。由于矩形孔的 4 个面处于水平面和侧平面的位置，我们可以分析为这些平面切割圆柱求交线，方法与前面相同，只是矩形口上下 2 条线是圆弧线而不是直线。整个交线是一个带有圆弧线的封闭线框。

2. 圆锥与梯形孔的交线

图 3-31 中是一圆锥开一梯形孔，孔是由 4 个表面组成的，上下 2 个水平面，左右 2 个为正垂面。斜线方向通过锥顶，于是交线的其余 2 个投影就比较简单了，因为主视图上 2 条直线的投影其方

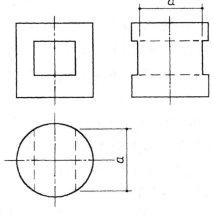

图 3-30 圆柱穿矩形孔求交线

向过锥顶，在空间也将是直线，这样就可以延长直线与底圆相交，利用底圆上交点求出这 2 条直线的水平投影，再确定高度。高度的确定可以利用圆锥被垂直于轴线的平面切后切平面为一圆的道理，在圆锥表面作辅助线，如图中箭头。注意左视图上梯形口的交线不在圆锥的最外轮廓线上，而是在底边距离轴线为 a 过锥顶的直线上。因为最外轮廓线的部分已被梯形开口去掉了。

3. 球体与方孔的交线

圆球穿一个矩形孔，其表面交线的求法如图 3-32。我们已经知道圆球被平面所切，切平面总是为一圆。圆直径大小由平面离球心位置而定，这里就利用这种方法作图。由于把矩形孔各表面理解为切平面，只是没有整个切去，所以得到的圆切平面仅仅是

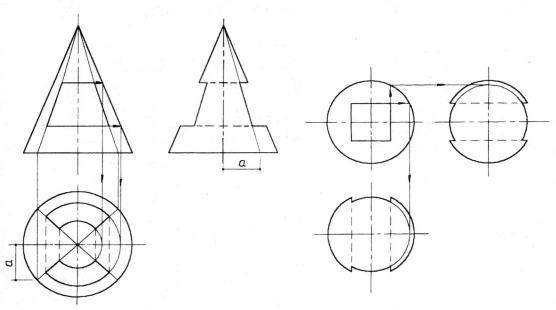

图 3-31 圆锥体穿梯形孔求交线　　　　　图 3-32 圆球穿方孔求交线

一部分，直径的决定见图上箭头引线。

3.3.5 曲面立体与曲面立体相交

一般情况下两个曲面立体相交，常见是两圆柱相交，所得的交线是一个空间封闭曲线。曲线既在这一圆柱表面，也同时在另一与之相交的圆柱表面上。

1. 两圆柱相交的交线求法

图3-33是两圆柱垂直相交的例子。2个圆柱分别在主视图和左视图上具有积聚性。已知交线必在圆柱表面上，因此左视图上的小圆和俯视图上大圆的左面部分圆周（4点至3点），就是交线的相应投影，只有主视图上交线没有积聚性需要用作图的方法画出。利用已知点的2个投影求第三个投影。求出交线上一系列点的正面投影，用曲线板连接完成作图。

在作图前首先认清两圆柱的位置，辨别有无积聚性可供利用，是否对称。图3-33中两圆柱的相对位置是前后对称的，因此交线也是前后对称的。在主视图上就只看见前面一半，后一半正好与之重合。

作交线时还应该先求出一些特殊位置的点，如处在对称面上的最高点1，最低点2，还有如最前点3，最后点4等。此外，再适当多求几个点，如图中的5、6、7、8点，求出其正面投影，就可以完成作图。

如果横向圆柱改为圆柱孔，只要直径不变，位置不变，那么交线形状也不变，如图3-34所示。求法完全一样，但要注意区别可见性。

2. 两圆柱轴线垂直相交时交线的简化画法

当两圆柱的轴线垂直相交时，如果对交线的投影不要求十分精确时，可以用圆弧来代替不规则的曲线投影，作为近似的简化画法。如图3-35的左视图：以大圆柱的半径为半径，在上下2个特殊位置点处为圆心各画圆弧，交小圆柱轴线延长线上一点，

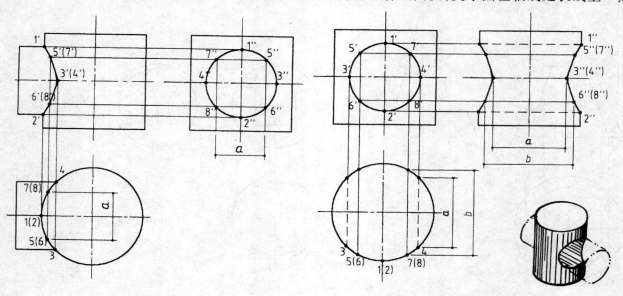

图3-33 两圆柱相交求交线　　　　　**图3-34 圆柱体穿圆柱孔求交线**

即为圆心，再以大圆半径为半径画圆弧即成。简易画法要注意半径的选择和圆弧的弯曲方向，以及可以用简化画法的条件。

图 3-36 是 2 个圆柱垂直相交的 3 种交线的示意图，可以看出当 2 个圆柱不等时，交线总是向大圆柱体弯曲；当两圆柱体相等时，交线是 2 个 45°的椭圆，从正面看就是 45°交叉的直线，这属于相贯线的特殊交线。

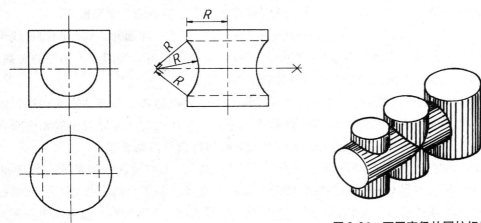

图 3-35　两圆柱轴线垂直相交时交线简化画法

图 3-36　不同直径的圆柱相贯时交线的情况

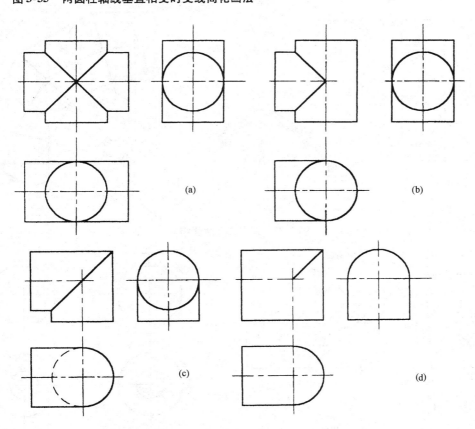

图 3-37　两个相同直径的圆柱相交特殊形状交线

3. 回转体相交中特殊形状的交线

在符合一定条件时，两回转体相交的交线会是平面曲线（椭圆、圆），当此平面曲线垂直于投影面时，图上就可出现积聚性直线。

（1）两圆柱轴线垂直相交，且两直径相等，交线为 2 个椭圆，在某一个视图上就表现为相交两直线，如图 3-37（a）所示。图中其他几个都是由此转化而来的，或只有一面有圆柱与之相交，或直角弯头等，交线就成为 2 个半椭圆或 1 个整椭圆。

图 3-38 是 2 个二次曲面相交，只要它们都同时外切于一球面时，它们的相贯线为两相交的平面曲线。当两个直径相等的圆柱轴线正交时，相贯线为两大小相等的椭圆。这种情况常见于建筑的拱顶造型以及各种管道的连接处。

（2）当两回转体轴线相交时，如果可以作一个球同时与两个回转体表面相切，则其交线也为平面曲线。如图 3-39 所示的两个例子。具体作图时，可以两轴线相交交点为圆心，作一圆与两回转体最外轮廓素线相切，如可能就可以画直线。

（3）当回转体轴线与圆球球心相交时，交线为垂直于回转体轴线的圆。图 3-40（a）是一个圆柱与圆球相交，圆柱轴线通过球心，交线就是 2 个圆。若为一个圆球穿一圆柱孔，如条件符合，交线也一样为 2 个圆，如图 3-40（b）所示，在主视图上都为一水平直线。

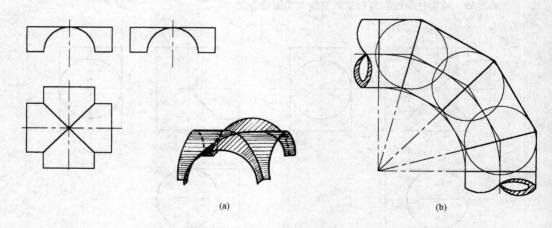

图 3-38　2 个二次曲面相交

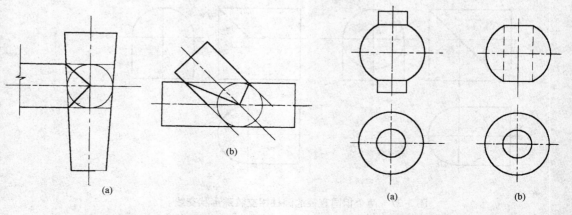

图 3-39　回转体相交交线的特殊形状　　**图 3-40　回转体与圆球相交交线的特殊形状**

4 轴测图画法

在前面介绍的正投影图中，常常不能直观地反映出形体的长、宽、高 3 个方向的尺度，缺乏立体感，要运用正投影原理对照几个投影，才能想像出立体的形状。因此除了生产加工一个产品时，必须画出准确的正投影图以外，为了形象地表达产品的造型，我们可以用一个立体图形画出物体的长、宽、高，既形象生动，又直观准确。

轴测图就是形体在平行投影下形成的一种单面投影图。它能同时反映出形体的长、宽、高 3 个方向的尺度，尽管形体的一些表面形状有所改变，但 3 个方向的关系表现十分清楚。这种图在设计时常用来作表现图及施工中的辅助用图，对于研究空间结构与关系及节点构造的关系具有简明、直观的效果（图 4-1），在室内设计和产品设计中应用比较普遍。本章主要讨论轴测图的画法。

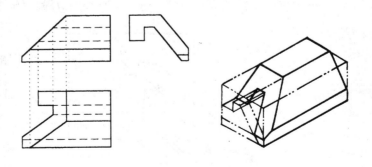

图 4-1　利用轴测图分析三视图

4.1 轴测投影基本知识

4.1.1 轴测图的形成

前面介绍的正投影方法是将物体放在3个相互垂直的投影面之间,用三组分别垂直于各投影面的平行投射线进行投影而得到的。在正投影图中需要用2个或3个图形共同反映一个物体的形状,令人不易看懂。

轴测投影图则是用一个图形直接表示物体的立体形状,有立体感,较易看懂。前面几章的插图中的立体图,都是用轴测图的方法绘制的。

要想使物体的3个方向在一个投影面上同时都有投影,有以下两种办法:

(1)将物体3个方向的面及其3个坐标轴与投影面成倾斜位置,但平行的投射线仍保持垂直于投影面的方向,这时所得到的正投影便能反映出形体的长、宽、高3个尺度的投影,具有空间立体感。如图4-2所示。

图4-2中O_PX_P、O_PY_P、O_PZ_P称为轴测轴,是在空间交于一点相互垂直的3条直线,用以确定物体在空间上下、左右、前后的位置和尺寸。

(2)将物体一个方向的表面及其2个坐标与投影面平行,平行的投射线与投影面成斜交。这时所得的斜投影,除了反映该表面的实形外,还能反映出另外的表面,从而能显示立体的空间形象。如图4-3。

这两种方法都只用一个投影面,称为轴测投影面。3个坐标轴在轴测投影面上的投影称为轴测轴,3个轴测轴之间的夹角称为轴间角。

4.1.2 轴测投影的特性

(1)在图4-2中,由于物体各面对轴测投影面的角度不同,或者因为图中投射线与轴测投影面倾斜角度不同,同一个物体可以画出无数个不同的轴测图。不同的轴测图,它们的3个轴测轴的方向与轴间角也不相同。

(2)由于轴测图是用平行投射线进行投影,所以在任何轴测投影图中,凡相互平行的直线,其轴测投影仍平行;一直线的分段比例在轴测投影中比例仍不变。

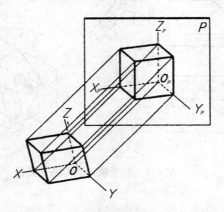 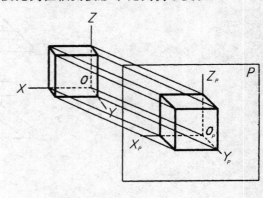

图4-2 改变立体对投影面的相对位置　　图4-3 改变投射线的方向

(3) 任何轴测图，凡物体上与 3 个坐标轴平行的直线尺寸，在轴测图中均可以沿轴的方向量取；和坐标轴不平行的直线，其投影可变长或缩短，不能在图上直接量取尺寸，而要先定出该直线的两端点的位置，再画出该直线的轴测投影。

(4) 一条直线与投影面倾斜，该直线的投影必然缩短，所以任一坐标轴如与轴测投影面倾斜，则此坐标轴上单位长度的投影缩短。它的投影长度与其实长之比，称为轴向伸缩系数。如果 3 个坐标轴与轴测投影面的倾斜角度各不相同，则 3 个轴测轴的伸缩系数也不同。在实际制图中，由于按伸缩系数制图比较麻烦，一般只选用简化伸缩系数或不必考虑伸缩系数的轴测投影。

4.1.3 轴测投影的分类

当投影方向垂直于轴测投影面时为正轴测投影；当投影方向倾斜于轴测投影面时为斜轴测投影。因此，正轴测图是用正投影法得到的，而斜轴测图是用斜投影法得到的。制图最常用的方法有以下 3 种：正轴测投影中的正等测（当 3 个轴向伸缩系数都相等的为正等轴测投影，简称正等测），斜轴测投影中的正面斜二测（正面投影不变）和水平斜等测（水平投影不变）。

4.2 轴测图的画法

4.2.1 正轴测图的画法

如图 4-4 所示，使 3 条坐标轴对轴测投影面处于倾角都相等的位置，即：使正方体的对角线垂直于轴测投影面，并向 P 面作正投影，就得到正轴测图。

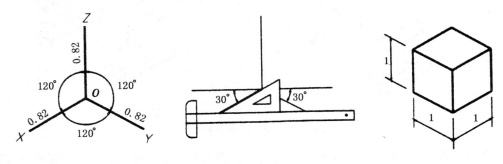

图 4-4　正等轴测投影

这时 3 个方向的伸缩系数相等，均为 0.82，3 个轴的夹角为 120°，故这种正轴测图也叫正等轴测图，简称正等测图。

在实际应用时，为了画图方便，度量 3 个方向尺寸时均不缩短，按实际尺寸画出，这样画出的立体图当然要比实际投影所得要大 1/0.82 = 1.22 倍，但这不影响立体感，所以一般都这样画。如果对轴测图的大小有要求，各方向的尺寸就必须乘以系数 0.82。

例 1：如图 4-5 三视图所示。作图过程是将物体的总长、总宽、总高，按夹角为 120°画好一个几何体，然后按三视图的形体一块一块地切掉，将保留的部分加深，得到要求的正等测图，这叫切割法，也可以叫装箱法。

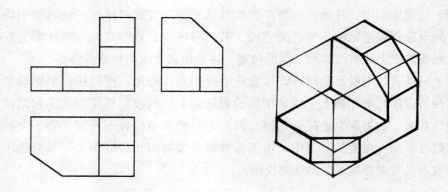

图 4-5 正等轴测画法举例

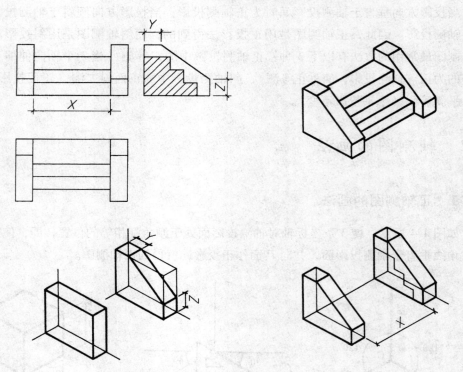

图 4-6 台阶的正等轴测

例2：图 4-6 是已知台阶的投影图，求作它的正等测图。台阶由梯形栏板和三级踏步组成，先画出栏板，然后再画踏步。作图步骤如下：

（1）按 3 个夹角相等 120°，建立 X、Y、Z 坐标体系，画出轴测轴，将两个栏板的长方体的轴测投影画出。

（2）然后切去一个角，画出斜面，斜面的位置由 Y 和 Z 来确定，画出栏板的斜边，得到栏板的轴测图。

（3）画踏步。一般在右侧栏板的内侧面上，按踏步的侧面投影形状，画出踏步端面的正等测图。注意每级的高度和宽度的画法，凡比较复杂的棱柱体，都应先画端面，这种方法称为端面法。

（4）过端面各顶点引平行于 X 轴的平行线，经整理得踏步的轴测图。

4.2.2 斜轴测图的画法

斜轴测图的特点是使立体上有一个表面在轴测图上能反映实形。

1. 正面斜二测图的画法

正面斜二测图的投影特征是：正面反映实形的斜轴测图。即 X 与 Z 的夹角为 90°，正面反映实形，Y 轴与水平线成 45°（也可以是 30°、60°），而 Y 方向的长度将缩短，常取伸缩系数为 0.5。

画正面斜轴测图的方法是，先明确轴测轴的方向和伸缩系数。画图时先画反映实形的正平面，一般从最前面画起，如图 4-7。画 Y 轴方向即深度方向时，要注意伸缩系数为 0.5，即长度要缩小一半。

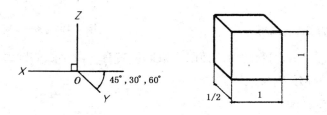

图 4-7　正面斜二测投影

例 1：图 4-8 中是由两个几何体组合而成的形体。首先确定画面位置，设从两部分共有的面 PP 位置开始画起，先画正面图形，然后从画面 PP 向后量取 Y 方向的尺寸，乘以 0.5 的系数，画 PP 后面部分形体；再从画面 PP 向前量取前面的尺寸，同样乘以 0.5 的系数画 PP 前面部分形体。最后把看得见的轮廓线加深。在轴测图中，不可见的线一般不用画出。

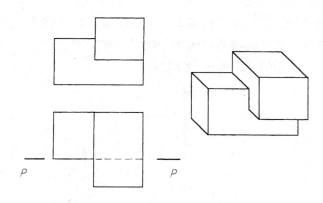

图 4-8　正面斜二测画法举例

例 2：由于正面斜二测的特点，画正面有圆的图形就显得十分方便。图 4-9 中的拱形图用这种方法画图就比较简便。自选确定先画面的位置 PP，画正面图形，然后向后画 45°斜线（Y 轴方向），在斜线上取深度尺寸的一半，后面图形画完后再向前画，取 PP 画面以前的一半。完成后，加深可见轮廓线。这个轴测图的关键是半圆形内圆柱面后面出口处圆心的确定，是由正面的圆心作 45°斜线，在斜线上取圆柱深度的一半来定

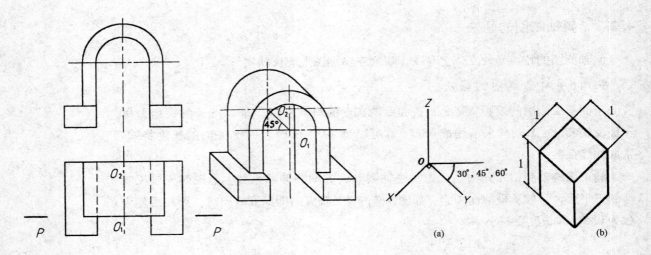

图 4-9　圆形拱门的正面斜二测　　　　图 4-10　水平斜等测投影

的,即图上的 O_2 点。轴测图的内侧面因未被遮住尚有一段小圆的圆弧露出,外面是大圆的圆弧,其圆心都是 O_2。

2. 水平斜等测图

水平斜等测图的投影特性是水平面反映实形。但水平面的 X 和 Y 轴应旋转 30°(45°、60°)以保证正面和侧面投影可见。因为水平面具有实形性,X 和 Y 坐标不变,但 Z 方向要采用伸缩系数,常用 0.8,为作图方便,往往高度方向也不用缩短画出。如图 4-10 所示。

例 1:图 4-11 中的形体由两块物体错位相交构成,从水平投影可以看出,长度方向的形体在后,深度方向的形体在前,由于两块形体左低右高,所以旋转水平投影时,应注意高的部分向后旋转(逆时针),保证画出的轴测投影前低后高,使形体能够表达清楚。图中 X 轴和 Y 轴分别对水平线成 30°和 60°,Z 轴画成铅垂方向,高度方向的尺寸也没有乘伸缩系数。水平斜轴测图适用于画房屋建筑的水平剖面,特别是在水平投影面上有圆形时,画水平斜轴测图就十分方便。

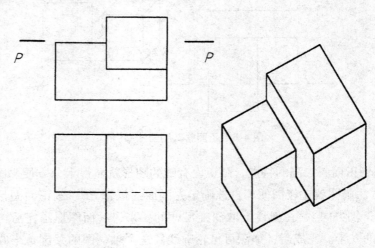

图 4-11　水平斜等测画法举例

例2：图4-12从主视图和俯视图分析可以看出，这是一个带有半圆形的围合空间，中间虚线部分是空的，前后有两个开口，一高一低。这个物体画轴测图，可以从上往下画，也可以从下往上画。由于物体较高，中间又是空心的，所以从上往下画，可以避免画一些不可见的线。要注意的是，物体内部的地面有一定的厚度 b，具体作图时应从顶面的圆心下降 a 的高度，画内部的圆弧。而外部的大圆弧的圆心位置则是 $a+b$ 的那一点。

读者可以自己再练习从下往上的画图方法，发现一些作图的技巧。

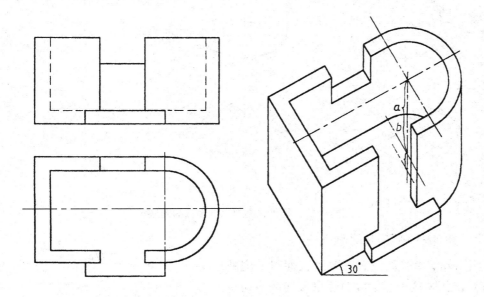

图 4-12　房屋的水平斜等测

4.2.3　圆及圆柱轴测图的画法

当画圆的轴测图时，除了画斜轴测图，某一个平面上圆可反映实形仍画圆外，一般情况下圆平面都将与轴测投影面倾斜而发生变形成为椭圆。

1. 正等测图中椭圆的画法

在正等测图中由于轴间角相等，平行于原投影面的圆所处的外切正方形成为菱形。为画图方便，一般都用四心近似椭圆代替实际椭圆，它的画法如下：

首先从圆的中心线方向确定圆所在的平面位置，画出其外切正方形的轴测投影为菱形，如图4-13，以两钝角顶点 A_1、B_1 各为圆心，分别以 B_1、A_1 到对面中心点（垂足）4_1、3_1 和 1_1、2_1 为半径画大圆弧。在两锐角间连线上，分别以 C_1、D_1 为圆心，垂足点为半径画小圆弧，得到的椭圆即是为圆的正等测投影。

正等测图中，平行于3个投影面的圆其椭圆形状是完全相同的，因此要特别注意其中心线方向和椭圆长短轴方向，如图4-14画了3个不同方向的椭圆。要注意熟悉其位置。

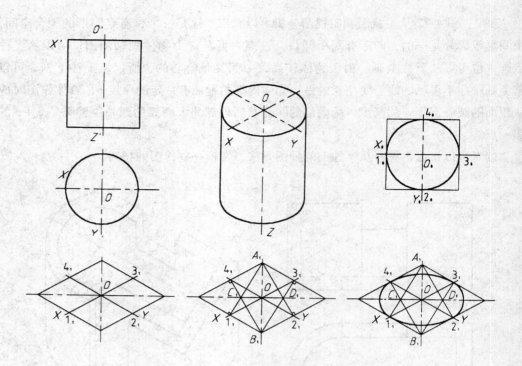

图 4-13 正等轴测中水平面圆的画法

2. 其他轴测图中的椭圆画法

当圆处于水平面位置时要画正面斜二测的画法如图 4-15，先按中心线方向作出该圆的外切正方形的轴测图，为一个平行四边形。在平行四边形中画出中心线，两中心线与四边形的交点即椭圆上的 4 个点。再连对角线，用两条辅助作图线与对角线相交再获得另 4 个椭圆上的点，光滑连接这 8 个点即为所求的椭圆。这种方法称为"八点法"。辅助线的求法如图，在反映圆直径的一边画半圆，从中间向两边作与水平方向倾斜 45°的直线交圆弧上两点，由这两点垂直向上交水平线相应两点，再作相应平行线即可。

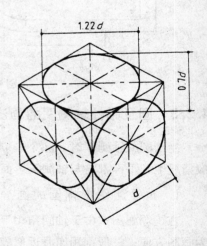

图 4-14 正等轴测中不同方向圆的画法

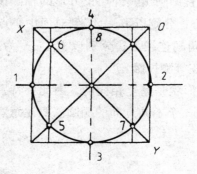
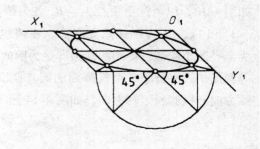

图 4-15 正面斜二测中水平面圆的画法

3. 圆柱及圆角的轴测图的画法

画圆柱的轴测图，就是要画出顶面和底面两个圆的轴测图，然后作公切线，擦去不可见的轮廓线。因此在实际作图时，可将已求出的八点选择可见的点向下移圆柱的高度，即按轴线方向移动圆柱高的距离，取得底部椭圆上的点，光滑连接，最后作两椭圆的公切线。如图4-16。

圆角一般常用的是1/4圆弧，它的轴测图的画法如图4-17。自圆弧两切线上的切点，分别作直线垂直于切线，再以此两垂线的交点为圆弧圆心，作圆弧。另一个锐角圆弧的作图方法完全一样。

4. 曲线的轴测图画法

画不规则曲面立体的正轴测图时，可以用辅助网格定曲线位置，再在网格的轴测图上画出曲线。如图4-18。

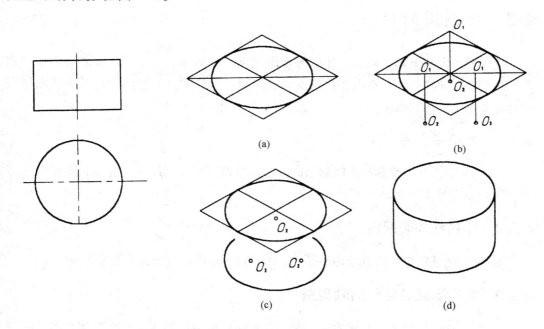

图 4-16 圆柱的轴测画法

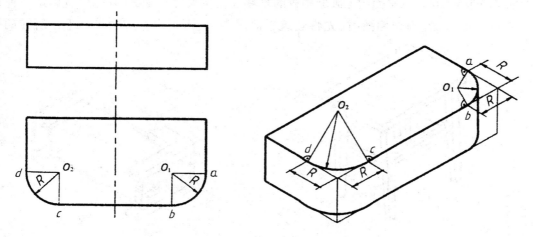

图 4-17 圆角的轴测画法

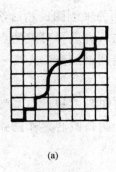 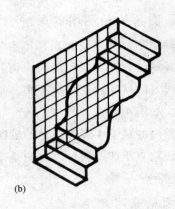

图 4-18　曲线的轴测画法

4.3　轴测图的应用

由于轴测图有简单、直观、作图方便等优点，在形体表现中有广泛的应用。特别在产品造型、家具生产、室内和建筑空间效果图，以及节点和立体构造的表达图样上都经常采用轴测图的画法。

4.3.1　产品轴测图

图 4-19 中列举了家具产品轴测图的画法。轴测图的细部尺寸都应按照平面图（即三视图）给定的大小来画。

4.3.2　家具结构装配图

图 4-20 是某家具中抽屉结构的形式，采用轴测图的表达方式，非常直观。

4.3.3　室内和建筑空间的轴测图

图 4-21 画这样的大型空间的轴测图，首先应根据给定的建筑平面图和立面图（后面的章节介绍），在平面图上画上摆放的家具（比例尺寸与平面图一致），确定一种画轴测图的方法。画轴测图时，先将建筑平面图画出，再画出相应的家具平面所在的位

 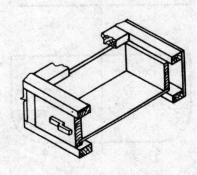

图 4-19　家具产品轴测图　　　　**图 4-20　家具结构轴测图**

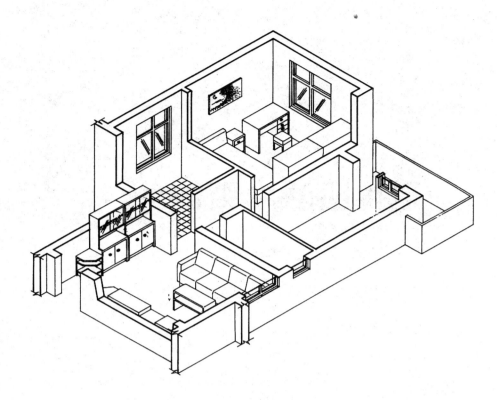

图 4-21 室内布置轴测图

置,然后按高度方向画铅垂线确定每一件家具的尺度大小,最后将墙体的墙角线竖起来,画出墙体横向切割的剖面线,剖面的高低应根据轴测图内部家具的可见性来确定,一般前低后高使展现清楚。

图 4-22 是一个建筑楼梯的轴测图,楼梯的详图用轴测图形式表达显得十分逼真,直观。在建筑图样中,一个建筑群或一个小区的鸟瞰图也常常采用轴测图的画法。

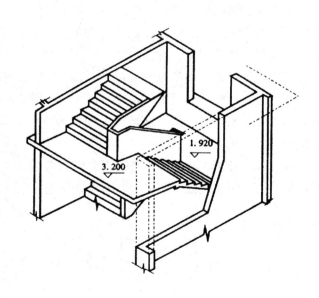

图 4-22 楼梯的轴测图

5 透视图基本画法

无论在家具设计还是室内设计中，都需要形象地表达设计对象，以满足人们视觉上的要求，使能从图形来感知、判断设计对象的优劣，从视觉形象上认可或要作修改。这种图要求直观逼真，这就是一般所称的效果图。效果图大多数都根据透视原理绘制的，故一般也是透视图。

透视图是按中心投影的原理绘制的，因此它就较符合人们直观的要求，如近大远小近高远低等，而轴测图就不具备这一特点。从图 5-1 中可见当观察窗外两支灯杆时，在窗上的灯杆形象即透视图。窗玻璃平面就可理解为画面，在画面上的灯杆就显示近高远低的透视现象。

透视一般可分为 3 种，即一点透视、两点透视和三点透视（图 5-2）。在室内和家具设计中都有应用，尤以一点透视和两点透视用得十分广泛。

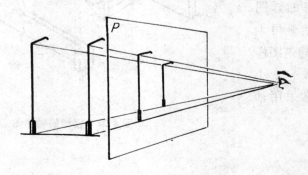

图 5-1　透视现象

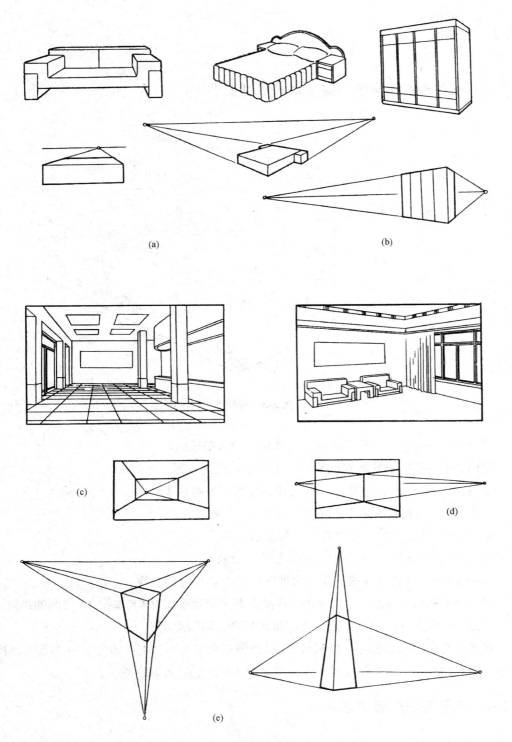

图 5-2　透视的种类

图 5-2 中（a）就是家具的一点透视，从图中可看出许多空间实际平行的线条在透视图上相交于一个点（灭点）。图 5-2（b）则是家具的两点透视。图 5-2（c）是应用于表现室内环境的一点透视。图 5-2（d）是两点透视用于室内表现的例子。图 5-2（e）是两种三点透视的简图。

5.1 透视图基本知识

5.1.1 有关透视投影的一些名词术语(图5-3)

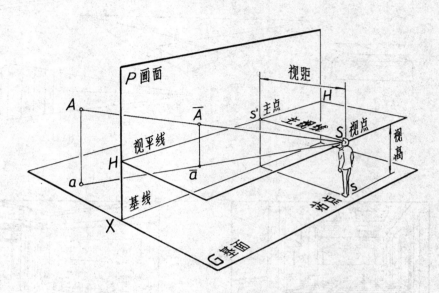

图 5-3 透视图名词术语

基面 G——相当于水平投影面,物体所在的水平地面。
画面 P——垂直于基面 G 的平面,相当于正立投影面。
基线 XX——画面 P 与基面 G 的交线,相当于投影轴 X。
视点 S——透视投射中心,相当于人眼。
站点 s——视点 S 的水平投影,又称驻点。
主点 s'——视点 S 在画面 P 上的正投影,又称心点。
视平线 HH——通过 S 视点作一水平面与画面 P 相交的交线。
视高——视点 S 离基面 G 的距离。在画面 P 上即视平线 HH 与基线 XX 之间的距离。
视距——视点 S 与主点 s' 的距离,即 S 与 P 之间的距离。

视点 S 与空间点 A 相连,即视线 SA 与画面相交于 $\overline{A}$ 点,$\overline{A}$ 点即为空间 A 点的透视投影,简称透视。A 的水平投影 a 的透视 $\overline{a}$ 称 A 的次透视或基透视。

5.1.2 点和直线的透视基本画法

1. 基面上的点

已知画面后基面上有一点 A(图5-4)及其在画面上的正投影 a'。由于 A 在基面上即高度为 0,故 a' 在基线 XX 上。已知视点的位置,由 s' 和 s 表示。连 SA 视线与画面 P 相交,交点 $\overline{A}$ 即为 A 的透视。若连站点 s 与 A 的水平投影 a 与 P 相交于基线 XX 上 a_x 点,$\overline{A}a_x$ 必垂直于 XX($\triangle SsA$ 与 P 均垂直于基面 G,其交线 $\overline{A}a_x$ 必垂直于基面)。

现将画面与基面分别画在同一平面上（图5-5）。为求画面上 A 点的透视 $\overline{A}$，可先在基面上连 sa，与 p 线（画面 P 的水平投影）相交于 a_x 点，得 A 的透视位置。在画面上连 s' 和 a'，由 a_x 垂直向上作直线与 $s'a'$ 相交于 $\overline{A}$，$\overline{A}$ 即为所求。

2. 基面垂直线

设空间直线 AB 垂直于基面，A 点在基面上（图5-6）。用上面同样方法再求出 B 点的透视 $\overline{B}$。直线的透视一般来说仍是直线。连 $\overline{A}\overline{B}$ 即为所求（图5-7）。

3. 灭点和基面上的直线

设基面上有一直线 AB，连 SA，SB 与 P 相交，即求得 AB 的透视 $\overline{A}\overline{B}$（图5-8）。延长 AB 与 P 相交得交点 K，直线 AB 与 P 的交点 K 称为迹点。由于 K 在 P 上，所以 K 的透视 $\overline{K}$ 与 K 重合。由此直线 KAB 的透视 $\overline{K}\overline{A}\overline{B}$ 相交于 K 点。

若直线向远离 P 延伸，如至 C，从图5-9 可看出，其透视将向斜上方延伸至 $\overline{C}$。如果不断延伸直线至无穷远，则通向直线无穷远点的视线将平行于原直线，与画面 P 将交于 M 点，显然，这点就是直线无穷远端点的透视，通常称为"灭点"或"消失点"。由上所述可知基面上直线的灭点 M 必在视平线 HH 上。

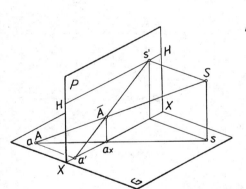

图5-4 基面上点的透视直观图

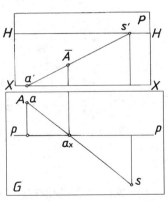

图5-5 基面上点 A 的透视作图

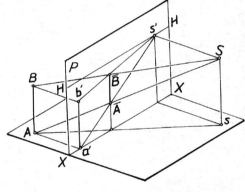

图5-6 基面垂直线 AB 的透视直观图

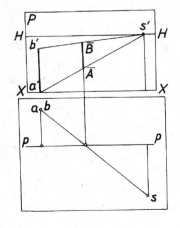

图5-7 基面垂直线 AB 的透视作图

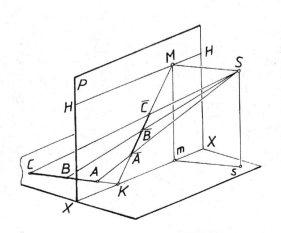

图5-8 迹点 K 和灭点 M

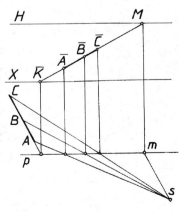

图5-9 图5-8 的作图

图 5-10 是利用灭点求一基面上直线 AB 的透视方法。先延伸 AB 至 P，交点即为迹点 K，其透视 $\overline{K}$ 应在基线 XX 上。在基面上作 sm∥AB 相交于 p 线上 m 点，即灭点 M 的水平投影。已知灭点 M 应在视平线上，所以由 m 向上在 HH 线上求得 M。连 $\overline{K}M$ 即为直线 AB 的全长透视。直线 AB 的透视当然就是其中的一段，由此按前述方法连 SA、SB 不难求得透视 $\overline{A}\,\overline{B}$。

4. 平行直线的透视交同一灭点

设基面上有两平行直线 AB 与 CD，且各与画面相交于 A 及 C 点，求其透视。如图 5-11，首先应作出其灭点，即作 sm∥AB，显然 sm 也平行于 CD，所以 M 点是 AB 和 CD 两平行直线的共同灭点（图 5-12）。

同样，如图 5-13 中所示 AB∥CD，其中 CD 为空间的一水平线。设 A 与 C 均为迹点，透视 $\overline{A}\,\overline{B}$ 与 $\overline{C}\,\overline{D}$ 必相交于视平线上灭点 M。从图上可看到 $\overline{A}\,\overline{C}$ 是两平行直线的实际距离（高度）。由于 CD∥AB，透视图上 $\overline{D}\,\overline{B}$ 与 $\overline{A}\,\overline{C}$ 实际距离（高度）当然是相等的（图 5-13 和图 5-14）。

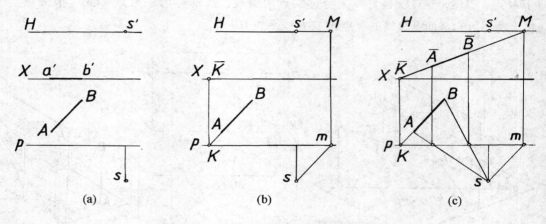

(a)　　　　　　(b)　　　　　　(c)

图 5-10　用灭点迹点求直线的透视

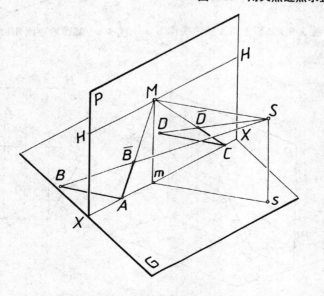

图 5-11　平行直线的透视交同一灭点直观图

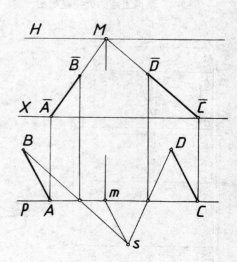

图 5-12　平行直线的透视交同一灭点

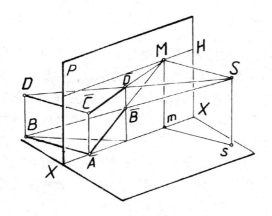
图 5-13 两水平线的透视直观图

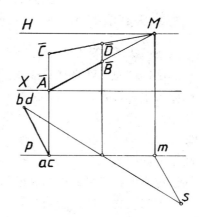
图 5-14 两水平线的透视图

5.2 视线迹点法

5.2.1 基本作图方法

现设有一立体，如图 5-15 所示，其位置在基面上画面后，为作图方便，使其一垂直棱线紧贴画面，如图 5-16 (a)。已知视点位置，求其透视图。

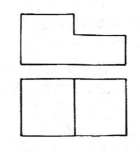
图 5-15 一立体的两视图

首先将画面（上有 HH 和 XX 线）与基面（p 线两边）放在同一平面上，如图 5-16。第一步先求其水平投影的透视图，即立体的次透视（因在基面上又称基透视）。方法是先求出两组平行直线的两个灭点 $M_1 M_2$，如图 5-16 (a)，然后利用迹点灭点连线作出两条直线的全长透视。按前述方法分别求出基面上两条直线的透视，随即利用平行线交同一灭点的原理，画出该立体的次透视 [图 5-16 (b)]。接着是画高度，从紧贴画面的那条垂直棱线画起，因该棱线在画面上，故其透视高即为原直线实际高度。接着仍然利用平行线交同一灭点的原理，依次画出立体面上各水平棱线，如图 5-16 (c)，这就完成了该立体的透视图。

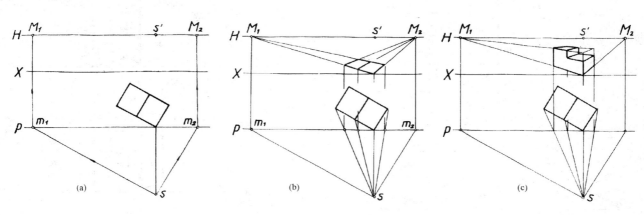

图 5-16 用视线迹点法画立体的透视图

5.2.2 视线迹点法的应用

由于上述做法需要将原物体水平投影重画，这给实际作图带来了不便，因此一般用视线迹点法作透视图就直接在原来的水平投影上直接作图，如图 5-17，在水平投影上画上画面的水平投影 p 和站点位置 s，过 s 连接要求的各点画直线，即各视线的水平投影，交画面 p 于 1，2，3，……各迹点，即为其透视位置。这样我们可以将求得的 $m_1 m_2$ 和 1，2，……各点一起移至画好的视平线 HH 上，由已知视高画上 XX 线就可以画透视图了，如图 5-18。从图 5-18（b）（c）可见，该立体较高部分不和画面接触，因此它的透视高度就要另外作图求得。其中图 5-18（b）是利用高立体上一水平线次透视延长至与画面相交，这样就可量其真高，再利用上下两条平行线交同一灭点的原理画出高度的水平线同交于 M_2，画出高立体的透视。当然也可以仍利用矮的立体迹点位置来量，如图 5-18（c）。延伸到所需真高，按平行线交同一灭点的原理画线，这时注意，一是应用灭点 M_1，方向不能错；另外是高度水平延伸到高立体的具体位置，不是高立体 4 条垂直棱线中某一条，而是高立体顶面侧边一水平线上。

用这个方法如果水平投影由于所处图纸位置不够有困难的话，其中两灭点的位置也可通过计算方法求得。如已知立体主要立面与画面倾角 α 和视距，则

$$om_1 = \frac{视距}{tg\alpha}, \quad om_2 = \frac{视距}{tg(90°-\alpha)}$$

若 $\alpha = 30°$，由上述公式可得：

$$om_1 = \frac{视距}{0.58}, \quad om_2 = \frac{视距}{1.73}$$

式中：o——主点 s' 的水平投影。

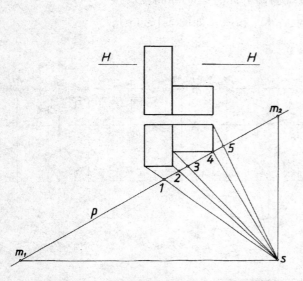

图 5-17 利用原水平投影作出灭点和迹点位置

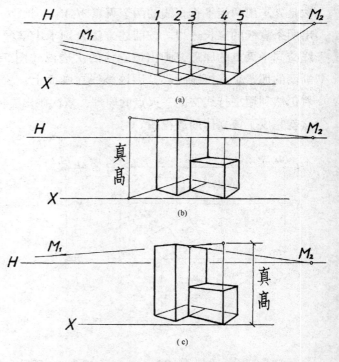

图 5-18 视线迹点法的实际作图和透视高度的画法

5.2.3 画面作前后变动时的透视图画法

1. 画面在立体中间

如图5-19,由于立体上部大,若按前面一样与画面接触将只是上面部分,下面部分不贴画面,画透视时就不方便。为此,我们可将画面与立体下面部分紧贴。按前述同样方法先在水平投影上作出立体两水平直线主方向的灭点水平投影 m_1 和 m_2,再由站点 s 向立体各点作视线的水平投影,与画面 P 相交于1,2,3,……各点。这样就可在画面上作图了。已知视高,画出视平线 HH 和基线 XX,如图5-20。先作出该立体的次透视。从6点画下面部分次透视同前面完全一样,至于上面部分即可利用水平投影中投影与画面 PP 相交点4和8两点,这两点处在画面上,透视即为本身,所以可直接通过4和灭点 M_1,8和 M_2 画两线的全长透视。再过1和9点确定上部形体的透视大小。

上面部分的透视高度画法也因4、8与画面相交而较方便。由于4、8两点在画面上(图5-21),在画面上可直接量高度,所以可在基线 XX 上4、8两点作垂线,分别量出上面部分的实际高度 a 和 b,如图5-20(b),按平行线交于同一灭点原理各自画全长透视,联系次透视即可画出上部形体的透视。

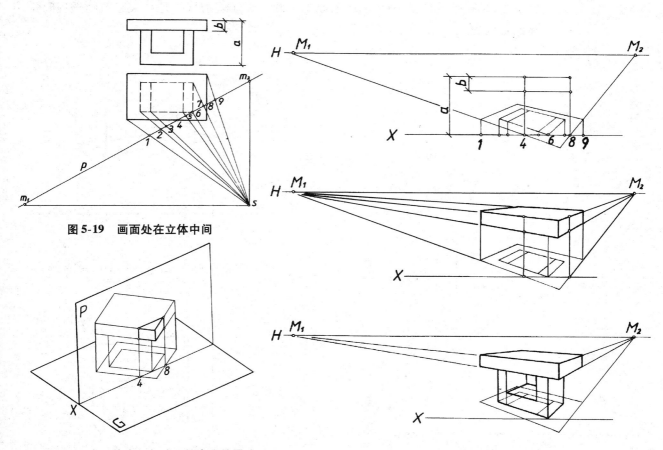

图5-19 画面处在立体中间

图5-21 画面在立体中间部分透视高度的量法

图5-20 画面在立体中间时的透视图画法

2. 画面在立体最后

如图5-22，找灭点和各点的透视位置同前。这时要特别注意立体水平投影在画面前，在透视图上其次透视应在基线 XX 下方。要注意画线方向不要搞错。次透视画出后，画透视高度仍然是从画面反映真高开始，即从后面接触点2量高，向前引高度平行线画出立体透视，如图5-23 所示。

3. 画面与立体不接触

如果画面与立体完全不接触，这种情况在需要同时画几个立体时常会遇到，可按图5-24方法来画次透视。即将水平投影各线分别延长至与画面相交，得画面迹点1，2，3，……各点，然后移各点至画面基线 XX 上，如图5-25，分别用两灭点连线，由两条不同方向的连线确定次透视位置。这里一定要注意方向与相应的灭点相连。由于此方法不用视线通过与画面相交作透视，而是直接利用两灭点和直线的迹点作透视，故又称"迹点灭点法"，或"交线法"。

当视高相对于两灭点距离比较小时，次透视将会变得很扁，从而造成各点透视位置不清晰不准确，图5-25中就用了降低基线 X 的作图方法而加以改善，使相交各交点透视位置准确无误。方法是在 X 线下方任设一基线 X_1，原 H 和灭点位置不变（相当于临时增大了视高），以 H 和 X_1 画次透视。从图中可看到用 X_1 和 X 求出的次透视各点位置是一致的，当然最终画透视还依原视高画。画建筑物特别是高大建筑物透视时常用降低基线法。

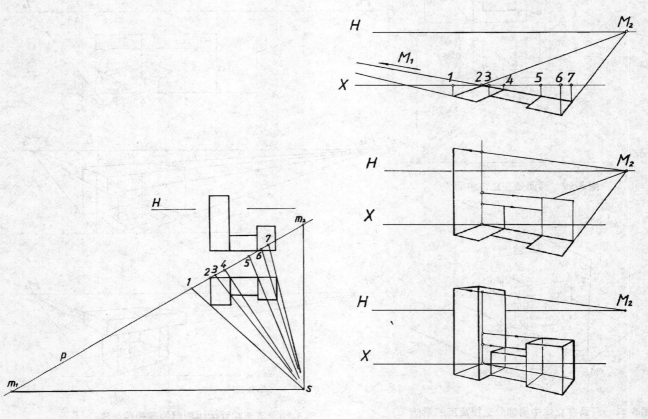

图5-22　画面在立体后面　　　　　　图5-23　画面在立体后面时透视图画法

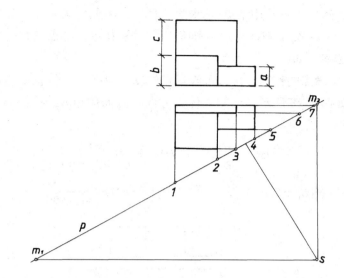

图 5-24　直接利用灭点和迹点画透视的作图准备

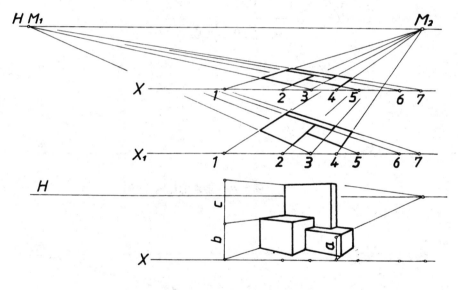

图 5-25　迹点灭点法画透视图

5.3　量点法

　　图 5-26、图 5-27 介绍了用量点法来画透视图的方法。从图 5-26 可见到先是作出立体水平投影主方向两直线的灭点位置，分别标出 m_1 和 m_2。设主点的水平投影为 o，再以 m_1 为圆心，m_1s 长为半径作圆弧与 PP 相交于 l_1，l_1 即为灭点 M_1 方向各线的透视长度量点 L_1 的水平投影。同样，以 m_2 为圆心，m_2s 长为半径作圆弧交 PP 于 l_2 点，为 M_2 方向直线的量点水平投影。将灭点、量点、主点全部在视平线上标出，如图 5-27 (a)。先在基线上按立体与画面接触的位置定出 K 点，由 K 向 M_1 作出直线全长透视，从 K 出发，在基线上量该方向上各点的实际位置，如图 5-27 中 a、b、c 3 个尺寸定出各点实际位置，然后用量点 L_1 连这些点与全长透视线 KM_1 相交即得相应的透视位置。

同样，宽向全长透视上各点用量点 L_2 求之。具体做法也是从 K 点出发，向左量实际尺寸 d 和 e，连量点 L_2 交于 M_2K 上各点即得所需透视位置。各点透视位置既定，即用灭点连线画出次透视，如图 5-27 所示。

从图 5-26 中量点的作图方法，可知量点位置，包括灭点位置都是可以较容易地通过计算求得。如图 5-28 所示，已知立体主方向与画面偏角 α，视距 so，即可从下式得出灭点量点位置。

$$OM_1 = \frac{SO}{\text{tg}\alpha}, \qquad OM_2 = \frac{SO}{\text{tg}(90°-\alpha)}$$

$$M_1L_1 = SM_1 = \frac{SO}{\sin\alpha}, \qquad M_2L_2 = SM_2 = \frac{SO}{\sin(90°-\alpha)}$$

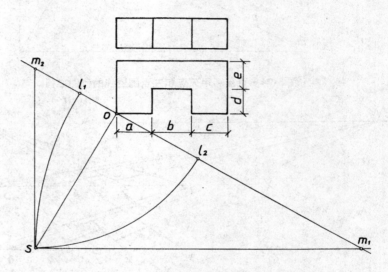

图 5-26 量点的作图

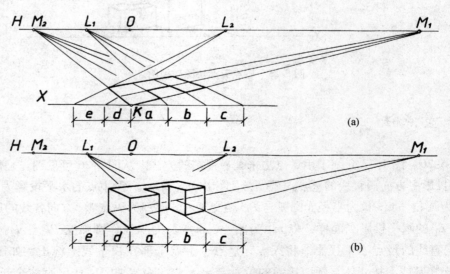

图 5-27 用量点法作透视图

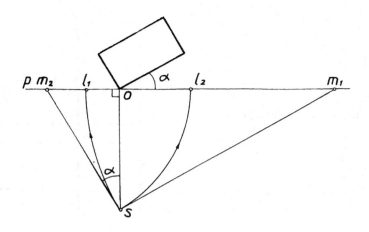

图 5-28　灭点、量点之间的几何关系

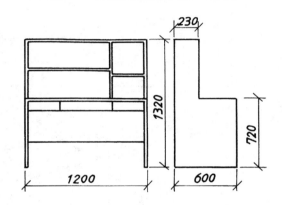

图 5-29　某一家具形体的两视图

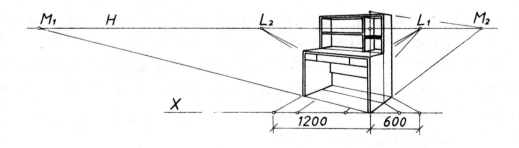

图 5-30　用量点法画家具形体的透视图

当 $\alpha=30°$ 时，则以上各式可简化成：

$$OM_1=\frac{SO}{0.577},\qquad OM_2=\frac{SO}{1.732},\qquad M_1L_1=\frac{SO}{0.5},\qquad M_2L_2=\frac{SO}{0.866}$$

若取 $SO=1$，则 $OM_1=1.732$，$OM_2=0.577$，$M_1L_1=2$，$M_2L_2=1.155$

这样，只要已知视距、偏角 α，就可以通过计算得到灭点量点具体位置，不必在立体水平投影上作图去求，而可直接作透视图。图 5-29、图 5-30 就是用量点法画一家具形体透视图的实例。

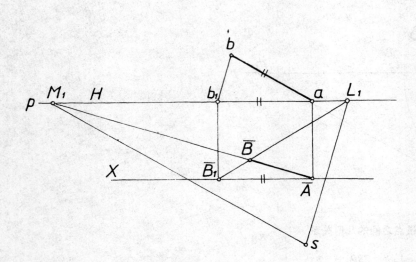

图 5-31　量点法原理

图 5-32　组合形体及画面视点位置

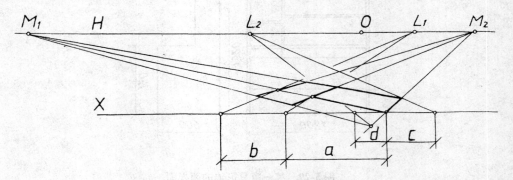

图 5-33　用量点法画图 5-32 的次透视

现在用图 5-31 来说明量点法的原理。设在基面上有一直线 AB，令 A 处在画面基线上。要画其透视先作出 AB 线的灭点 M_1，从而作出 AB 线的全长透视 $\overline{A}M_1$，再作另一直线 BB_1 与 AB 相交于 B，并使 AB_1 在基线上且等于 AB 实际长度。求作 BB_1 透视，也是先求出其灭点（这里用字母 L_1 表示），连 $L_1\overline{B}_1$ 即与 $\overline{A}\,\overline{B}$ 相交于 $\overline{B}$，$\overline{A}\,\overline{B}$ 即为所求。从作图可看出 $\overline{B}\,\overline{B}_1$ 的灭点即为 AB 的量点，因基线上 $\overline{A}\,\overline{B}_1 = AB$。而量点的求法，可见图上 $\triangle ab_1b \sim \triangle M_1 sL_1$，均为等腰三角形，可知图 5-26 的量点作法由此而来。

再举一例如图 5-32，已知立体及其尺寸，画面位置与视距 80 mm，当物偏角 α 为 30°时，其量点灭点位置可按前简易公式算得。

即　$OS = 80$，$OM_1 = 138.6$，$OM_2 = 46$，$M_1M_2 = OM_1 + OM_2 = 184.6$，$M_1L_1 = 160$，$M_2L_2 = 92$

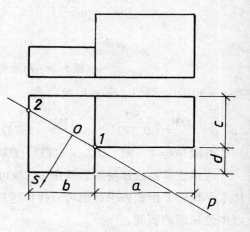

图 5-34　画面处于立体中间

根据已知视高，画出 HH 和 XX 线（图 5-33），按上述尺寸标出灭点量点的正确位置。如前述作次透视，用尺寸 a 和 c 先作出较矮的一立体的次透视。另一较高立体因不与画面接触，我们可以画必要的作图线，若仍在与画面接触处量尺寸，可延长 M_2 方向直线至基线 XX 下方，而量尺寸 d 因是向前则要换方向向左定尺寸，然后仍用 L_2 求得位置点，如图 5-33。再连 M_1 即可得高立体正面的次透视位置。

图 5-34、图 5-35 是当画面处于立体中间时用量点法画透视图的方法。画面处于立体中间，必然造成立体水平投影多处与画面水平投影相交，如图 5-34 中 1、2 两点，可直接画出过该点的透视直线，然后从这些点出发量两个方向上尺寸以确定其他部分透视位置。如图 5-35 中由于 1 点处于画面，而两立体都通过 1 点，所以量两个立体的高就特别方便，如图 5-35（b）。

为画图方便，在图上根据视距大小按以上公式计算量点灭点位置，可列出表 5-1。

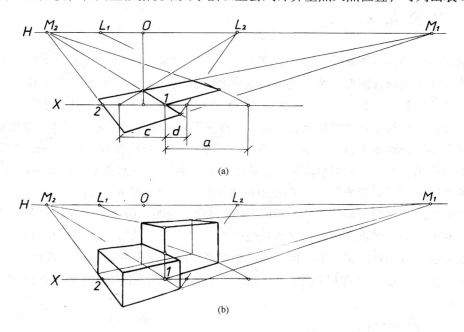

图 5-35　图 5-34 所示立体的透视图画法

表 5-1　灭点量点位置表（$\alpha = 30°$）　　　　　　　　mm

视距	M_1M_2	OM_1	OM_2	M_1L_1	M_2L_2
1	2.31	1.732	0.577	2	1.155
50	115.5	86.6	28.9	100	57.8
60	138.6	104	34.6	120	69
70	161	121	40	140	81
80	184.6	138.6	46	160	92
90	208	156	52	180	104
110	253.5	190.5	63	220	127

(续)

视　距	M_1M_2	OM_1	OM_2	M_1L_1	M_2L_2
130	300	225	75	260	150
150	347	260	87	300	173
170	392	294	98	340	196
190	438.6	329	109.6	380	219
210	485	364	121	420	242.5
230	531	398	133	460	265.6

5.4　距离点法

前面讨论的透视图画法，可见到画面与立体水平两个方向成一定角度，因此也就有两个灭点，其透视图即为两点透视，也称成角透视。如果当画面与立体其中一水平主方向平行，如图5-36所示，这种情况下透视形象将有很大不同。其画法完全可用前面已讨论过的视线迹点法和量点法。现按量点法原理画图5-36所示立体。首先从水平投影可看出，与画面平行的一组直线将没有灭点，只有与画面垂直的另一组直线有灭点，而且即为主点 s'。如用量点法画，即如图5-36所示以主点的水平投影为圆心，至 s 距离为半径，画圆弧交 PP 于 l，即量点的水平投影。余下画法可如图5-37所示。由于其量点的由来，视距 d 即为半径，所以 $s'L$ 距离即为视距，因此，这时的量点 L 又称距点、距离点。而用量点法画此一点透视也就称为"距离点法"。图5-38和图5-39是用距离点法画一点透视的又一例。即只要在画面视平线上定出主点位置 s' 即为一灭点 M，量 ML 等于 d（视距），即得距离点 L，用 L 即可定出立体深度方向的各透视位置。

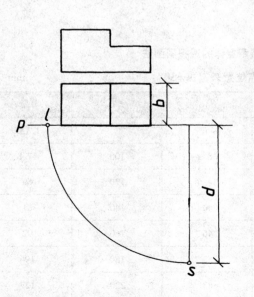

图5-36　画面与立体一主方向平行

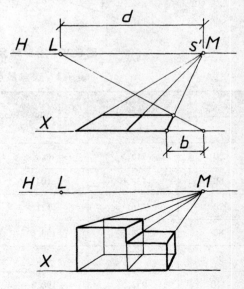

图5-37　用距离点法画一点透视

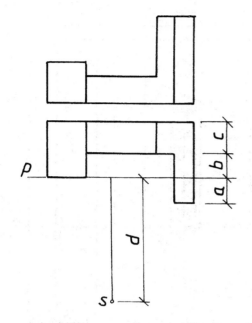
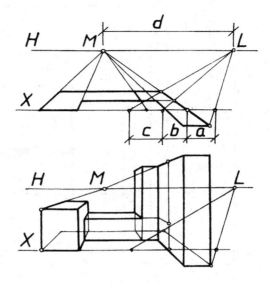

图 5-38　画面平行于立体一表面　　图 5-39　用距离点法画图 5-38 的一点透视

画室内包括室内陈设透视图经常应用距离点法画成一点透视。现举一室内的一点透视画法为例。已知有一房间，门窗都简化成门洞窗洞，如图 5-40。画面置于后墙，这样将使透视图较视图为大。还是先作出次透视，做法可先画出通向灭点（这里即主点）的各线条，再用距离点 L 来确定深度各透视位置，这里是选择右边墙脚线来定各深度的。最后立高度时，后墙反映原视图图形可先画出，再画各墙面和天花板之间的交线，其他可如图 5-41 所示作图线。

一点透视除了以上画法最为普遍应用外，还由于表现需要，将画面放成水平位置来画透视，也即常称为俯透视的画法。画法原理与上述相同，如图 5-42 所示。画面是放在地平面上，先画俯视图，然后由视点位置 (s')（相当于主点 s'）作各高度线，量高可在某一方便的位置画一水平直线，另外通过 (s') 再作一直线与之平行，在其上按视距定出距离点 (L)。若如图中已知立体高 K，可看出该立体的透视高度的画法。

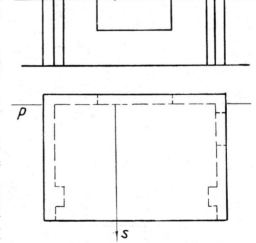

图 5-40　室内两视图、已知画面及主点位置

应用于表现室内透视时，视点位置往往置于室内，图 5-45、图 5-46 就是一例。也是可先画出处于画面上的地板，即俯视图。选其中一墙角线来量高，确定需要的各高度透视位置。具体画法可如图 5-46 所示。图 5-47 是图 5-46 右上角画法的部分放大图。1 点、2 点、3 点离 O 点距离为各部分高度的实际尺寸，用 (L) 点连这些点到 OA 上得各点高度的透视高度。

图 5-43、图 5-44 是又一例说明俯透视的画法。

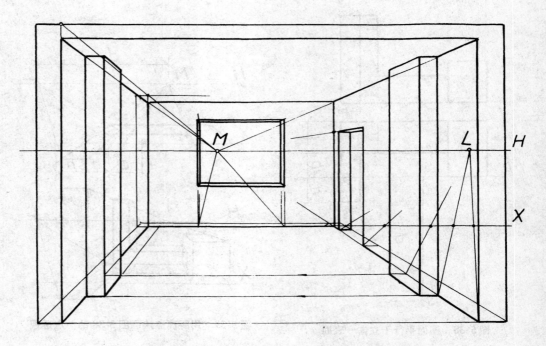

图 5-41 用距离点法画室内一点透视

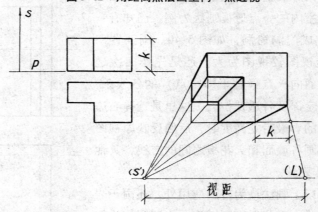

图 5-42 俯透视的基本作图方法

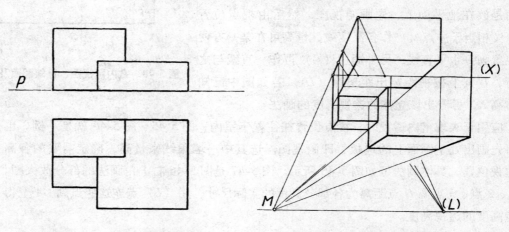

图 5-43 一立体的两个视图　　图 5-44 图 5-43 立体的俯透视

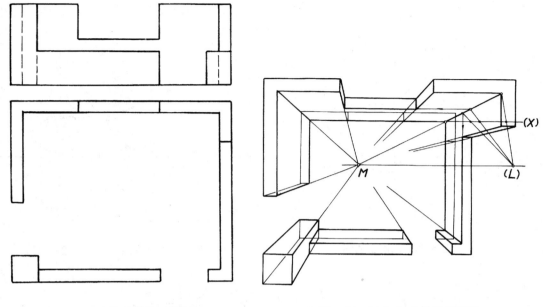

图 5-45　建筑形体的两视图　　图 5-46　图 5-45 的俯透视画法

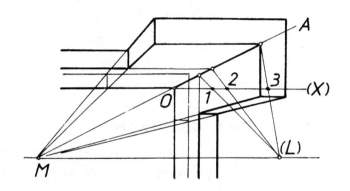

图 5-47　图 5-46 中局部画法详图

5.5　圆和圆柱的透视图画法

5.5.1　圆的透视

圆的透视，按与视点、画面相对位置不同呈现不同透视图，可以有圆、椭圆，甚至抛物线、双曲线和直线，最常见的是椭圆。

1. 在基面上画面后的圆

如图 5-48 所示，选画面与圆相切且与圆的一条中心线平行，这样就可按一点透视画法来画。具体画法是先作出该圆外切正方形的透视（图 5-49），从外切正方形透视可看出，对角线相交其交点即为圆的中心。过圆的中心即可画出圆中心线的透视。从图很容易发现，一点透视中距离点 L 正好就是正方形对角线的灭点。两条中心线与正方

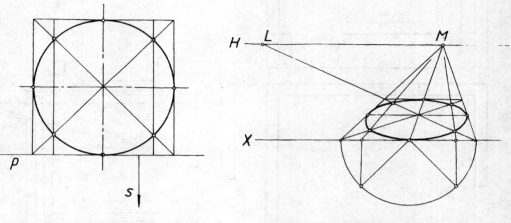

图 5-48 基面上的圆　　图 5-49 基面上画面后一圆的透视画法

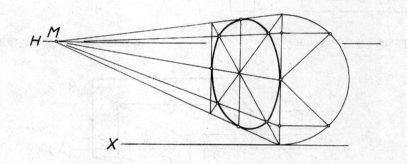

图 5-50 垂直圆的透视做法

形四边相交的点即是圆周上 4 个点。为再取 4 个点，我们利用对角线与圆周相交的 4 个点。从图 5-49 上可看到是作出两条辅助直线的透视与对角线相交得出这 4 个点，于是用这 8 个点就可大致画出圆周的透视图了。

2. 垂直于基面与画面成一定角度的圆

这种位置圆的透视画法是先作出圆的次透视即一倾斜于 XX 线的一直线，长即为直径。接着按圆的直径画出圆外切正方形的透视。现设一垂直边处于画面上，画对角线找中点，再画中心线与正方形四边相交得 4 个点。再利用画面上垂直边定辅助线的位置，作出两辅助线透视与对角线相交又找出 4 个点，据此 8 个点即可勾画椭圆了（图 5-50）。当然这里两条辅助线也可选垂直线来画，如这样就要用量点法来确定其在次透视上的位置，显然不如直接利用与画面平行的正方形边定点方便。

3. 平行于画面的圆

当圆平行于画面时，其透视仍将为一圆，大小视其与画面、视点的相对位置而定。如图 5-51 在画面后有一与画面平行的圆，用距离点法先作出其次透视，这样就可知道透视圆的直径大小。接着找出该圆圆心的透视位置，即可画圆完成透视作图（图 5-52）。

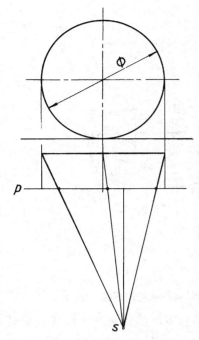

图 5-51 与画面平行的圆

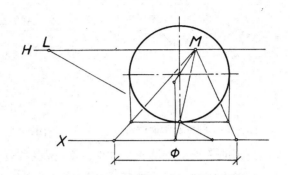

图 5-52 与画面平行的圆的透视画法

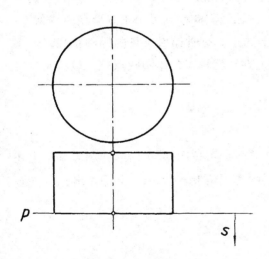

图 5-53 轴线与画面垂直的一圆柱

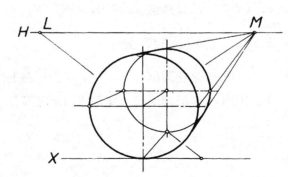

图 5-54 图 5-53 的透视画法

5.5.2 圆柱的透视

圆柱的透视，实质上是画出两个圆平面的透视，再作该两圆透视的公切线即成。公切线的方向应是该圆柱的轴线方向。

图 5-53 为一轴线垂直于画面的圆柱。令其一圆平面处于画面上，这样我们只要按上述方法再画出后面一圆的透视，然后作公切线，当然也应是画面垂直线而连向灭点 M，如图 5-54。

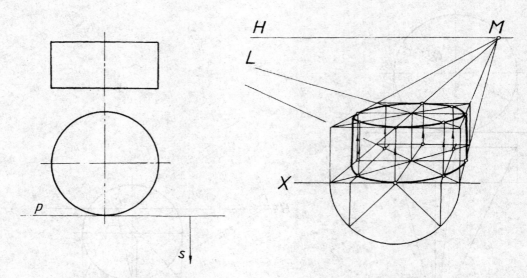

图 5-55 圆柱及画面位置　　图 5-56 轴线为铅垂线时圆柱的透视画法

当圆的透视为椭圆时,如图 5-55 圆柱所处位置。其基本画法仍然同上所述,先画出两个端面圆的透视,然后作公切线。具体作图如图 5-56 所示,先画出两个正方形透视,画出其中一个椭圆。实际作图时由于透视图一般虚线是不用画出的,因此我们只要画出一个看得见的椭圆,将求出的 8 个点再按轴线方向移到另一正方形相应线条上,即可画出。移点当然也只需移可见部分曲线上的点。有时如果可见的椭圆很扁,作图时找点显然不易正确,像图 5-56 中基面上的正方形就较宽,作图找点就比较清楚。因此画图时可视具体情况选择做法和次序。

5.5.3　透视圆的等分

当圆的透视画出后,如要求在透视圆上作等分,可按图 5-57 所示作图。基本上还是利用作相应的辅助线,交于圆周而定等分点的透视位置。图 5-57 上是作出几条(垂

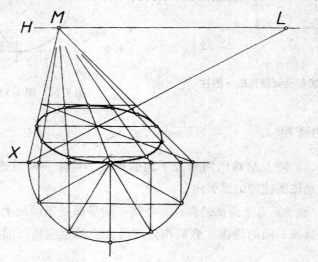

图 5-57　透视圆的等分作图

直于画面）通向惟一灭点的直线，与圆周相交即为所求。图中也画出了两条平行于画面的辅助线，作图是一样的。

5.5.4 平面曲线的透视

对于一般不规则的平面曲线，包括图案纹样等，画透视的方法主要用坐标定点方法。即用纵横网格来控制曲线上一些点，画出这些点的透视位置后再连线。如图5-58所示某形体表面有一条花形图案。画透视时先按图形复杂程度和要求画网格，然后画出形体网格线的透视，在透视图上找出相应点的位置，连之即成如图5-59所示。当然网格的疏密视作图精确性要求和方便，应视曲线具体形状而定。例如在画具有对称性的曲线，注意定一些特殊位置的点时要考虑对称的另一位置。格子形状也不一定都是正方形。

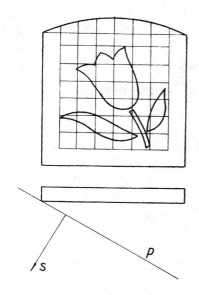

图 5-58　用网格控制曲线形状

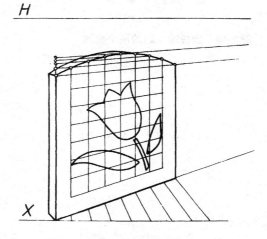

图 5-59　平面曲线的透视画法

5.5.5 空间曲线的透视

空间曲线我们以螺旋线（图5-60）为例说明。基本方法是先作出空间曲线的次透视，对圆柱螺旋线而言就是作出圆的透视，包括确定螺旋线上各点的次透视位置，例如图5-61上是分圆为12等份，接着是要找出螺旋线次透视上各点的透视高度。为此可在旁边将螺旋线主视图画成垂直于画面位置的透视，这样就可方便地找出各点的高度，最后以光滑曲线依次相连即可画出螺旋线的透视图。

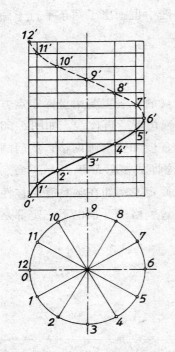
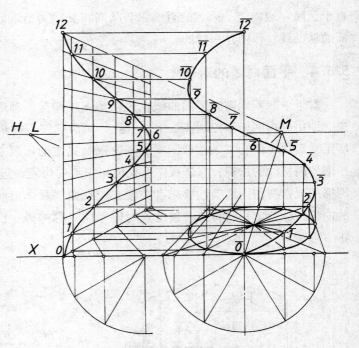

图5-60 圆柱螺旋线的两个视图　　图5-61 螺旋线的透视画法

6 透视图实用画法

在设计实践中需要画透视图时,当然首先要求透视图既形象美又符合对象的尺寸要求,然后同样不可忽视的是如何能较方便地作图,以便提高作图效率。前一章已经提到了作透视图的基本方法,本章讨论如何应用这些方法于设计实践中,包括画单件家具及陈设品的透视作图方法,画室内空间及室内家具陈设的透视作图方法。

6.1 视点和画面位置的选择

同样一件家具或某个环境,由于视点位置等选择不同,将会画出多种不同效果的透视形象。如果选择不当,画出的透视图会不尽人意,甚至歪曲失真。因此就要研究影响透视图形象的各种因素。

6.1.1 画面的选择

1. 物体主要立面与画面的偏角

画一点透视或两点透视时,对基面来说画面都是与其垂直的,这里要确定的是画面与物体主要立面(正面、垂直面)的偏角大小。当偏角为0°或90°即是一点透视。当视点位置不变时,不同偏角形成的结果如图 6-1,从图中可知偏角越小,正面形象越大,同时侧面将越小。要考虑主次分明,又要

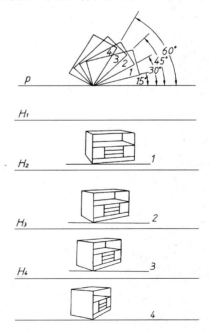

图 6-1 不同偏角对透视形象的影响

主次兼顾，使立体的整体形象不致失真。对于家具之类立体经常取30°偏角，一般就可满足主次分明、兼顾侧面的要求。但是对于水平面为正方形的家具如方桌、茶几等，就不一定取30°。因为这样画出的透视图会有不像正方形的感觉，这时可取45°偏角较合适，如图6-2。当选用45°时，要注意的是视点位置，不要使方桌后面的一条腿被遮住，造成三条腿的不佳后果，而且过于对称显然也不合要求。

2. 画面前后

当视点位置不变，画面作前后移动，并不影响透视形象，这可从图6-3看出，仅仅是大小有所不同。因此，我们选择画面前后时主要从画图是否方便和透视图大小出发，而以前者为主。如果画面在立体中间，会因为线条与画面相交甚多而使画图较为方便。

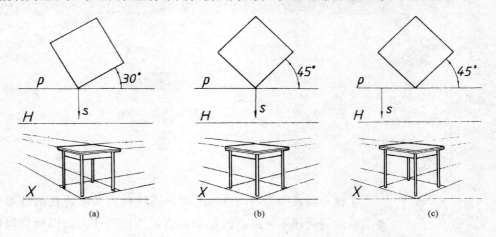

图6-2 偏解的选择

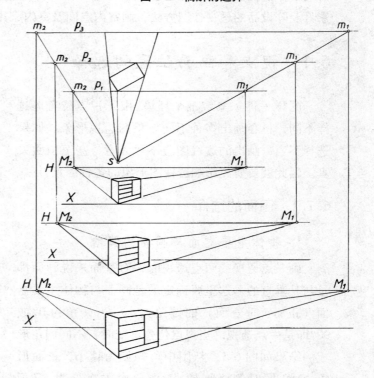

图6-3 画面前后移动对透视图的影响

3. 视点位置

这里讨论视点位置仍然是指画面的位置，因画面与主视线是垂直的，从图 6-4 中可见到，视点相对于立体作左右移动时，立体的两个垂直表面在透视图中的大小也将

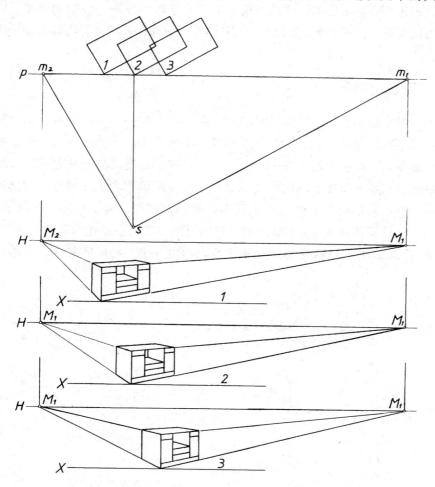

图 6-4 视点左右移动对透视图的影响

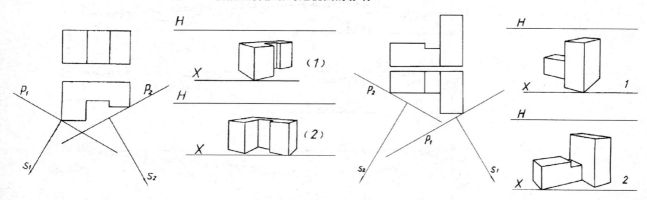

图 6-5 视点方位不同影响透视图形象的充分表现（一）　　图 6-6 视点方位不同影响透视图形象的充分表现（二）

6 透视图实用画法

随之变动,这时就要考虑立体这两个表面的大小比例,避免因视点位置不当而造成形象歪曲。

另一种情况是主视线的方向,如图6-5。若按 S_1 位置画,即画面处在突出部位,结果会使凹进部分画不出来,这样表现不全面,显然不合画透视图的要求。同样,如果立体有高有低,如图6-6,若画面立在高的部分前面,就有可能使低的部分因被挡住而画不出来。

6.1.2 视高的选择

视高一般常用相当于人站立时眼睛的高度,即 1.5～1.7m 高。对于高度较小的家具而言,视高则应相应减低,如椅子、茶几、小柜之类。而当表现室内时,视高选择则要根据需要,一般仍可选 1.5～1.7m。当要强调天花时或突出其宏伟高大时可选取较低的视高;相反,重在表现地面时或表现家具等陈设布置的位置时,常选用较高的视高。同一物体因视高不同画出的透视图效果显然很不一样,如图6-7所示的例子。因此视高的选择要视表现对象和要求的具体情况而定。但要避免如下几种视高的选择,如图6-8。首先是避免视高与物体某水平面高度相一致,尤其是家具的桌面、柜面等,

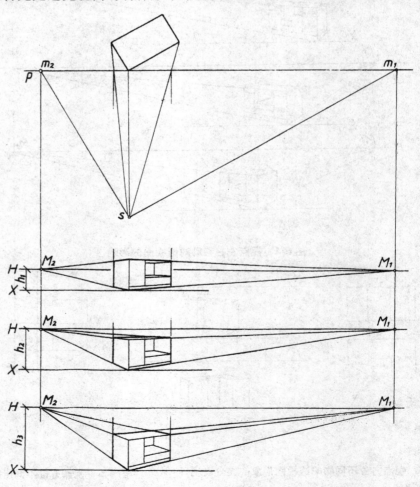

图6-7 视高不同透视形象的变化

6.1 视点和画面位置的选择

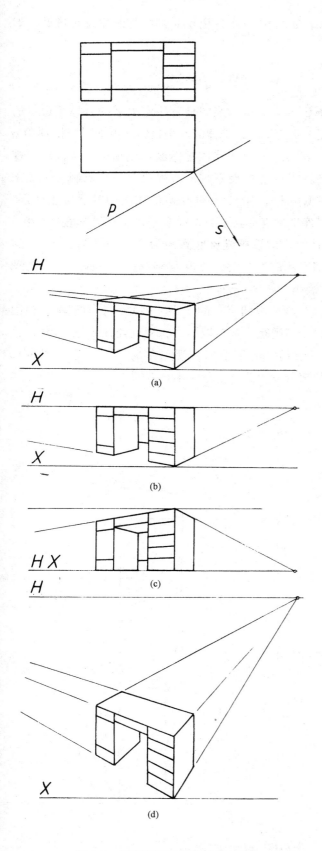

图 6-8 视高选择不当造成的后果

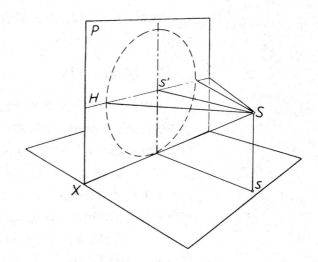

图 6-9 视锥立体图

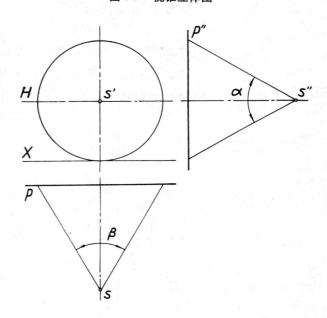

图 6-10 视锥的三个投影

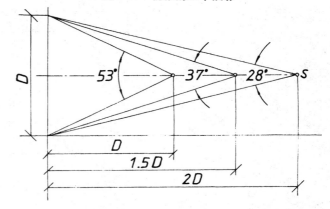

图 6-11 视距、视角和视圆直径的关系

防止透视图上产生积聚性，影响形象，如图6-8（b）所示。其次是避免过高过低，如图6-8（c）（d）所示形象。

6.1.3 视距的选择

人眼在一定位置且不转动情况下，可见的清晰范围是有一定大小的，如将边缘的视线组合起来近似于一个锥体，如图6-9所示。该锥体的水平投影和侧面投影锥顶角 α 和 β（图6-10）是不同的，为简化设 $\alpha = \beta$。这样也将该锥体设想成圆锥，这就是"视锥"。其 α 就称作视角。显然要保证视界内清晰而不变形，视角有一定限制。一般来说，常把这个角简化为60°左右。即视角大于60°时，透视对象在图中就要发生变形，形象歪曲失真。因此，画透视图为了保证透视形象不致歪曲变形就要控制视角的大小。

为作图方便我们常以图6-11来计算。即设视锥锥底直径为 D（即视圆直径），这样以 D 的倍数来控制视角的大小。即当视距为 D 时，视角为53°左右，视距1.5D 时视角为37°左右。这里可以看出，视距最小不能小于 D。

当在垂直方向上看时，显然，视高恰是视圆直径的一半。因此，在画家具透视图时，视距常取视高的两倍，如图6-12。当视距为两倍视高时，视点处在 S_1 的位置，这时整个家具落在正常视圆范围内。当视距仅等于视高时，视点在 S_2 点，结果从图6-12（c）可看到，落在正常视圆范围外的部分发生严重变形，不合常理。

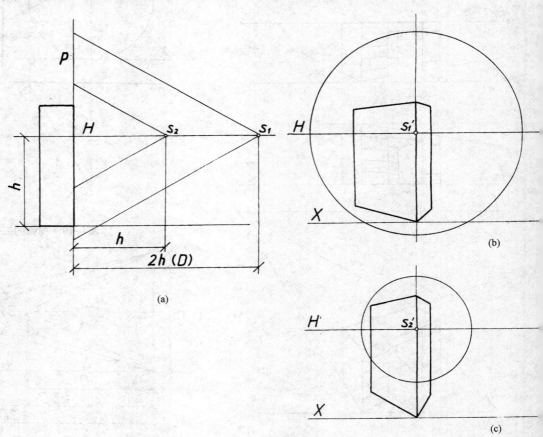

图6-12　视距的选择

当然这里仅仅是从垂直方向上确定视距,对于一般家具来说即可以,但对于一些长度尺寸特别大的如整个组合柜,超长会议桌等,则还要从水平方向检查设定的视距其视角是否会过大。当然视角也不是越小越好,当过小时灭点将较远,造成透视图收敛性小,接近轴测图形象,显然不合要求,而且还因灭点较远造成作图不便。

现举例说明怎样画一件家具的透视图。设有一柜子如图6-13所示。首先选择视点位置方向,如图6-14,应在左边较好,避免在右边会因为右边小柜高且较深而挡住左边矮柜。而物偏角一般就可选用30°,这里是与家具正面成30°,以分清主次。接着可定视高,因该家具总高为1 050mm,所以视高这里选1 400mm就可以了,按同样比例画上高度位置(图6-14中HH线及高度1 400mm)定下视平线。这样视距就可按前述与视高的2~3倍数来定,即至少是两倍视高为2 800mm。画面一般从画图方便放在家具前面一角,这样就可按视距数α角30°决定灭点量点位置。至此画透视图所需的各项条件均已齐备就可画出家具的透视图,如图6-15。

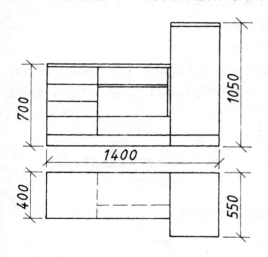

图 6-13 某家具的两视图

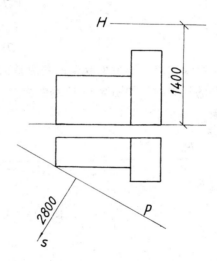

图 6-14 画面视点位置的选定

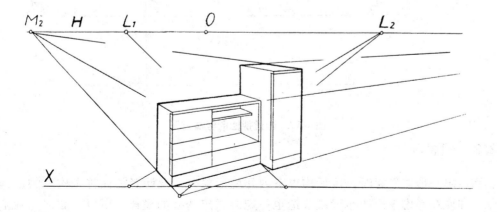

图 6-15 家具的透视图

6.2 单件家具透视图画法

6.2.1 简易画法

画单件家具透视图一般按两点透视画，其视点位置画面的选择在上一节已经讨论，这里介绍更为简便的方法以确定灭点量点的位置。我们一般画两点透视时，经常使用偏角为30°，如果偏角为30°时，那么视距一经确定，灭点量点位置的尺寸经计算即可求得。按上一节的确定视距方法和灭点量点位置，为方便记忆可得近似结论，当视距 $OS=2h$，设视高 $h=1$，$M_1M_2=4.62$（~5）。若 $OS=3h$，则 $M_1M_2=6.93$（~7）。即先取两灭点之间的距离 $M_1M_2 = 5\sim7 \times$ 视高。而量点、主点位置如图6-16。

即
$$M_1L_2 = 0.5\, M_1M_2$$
$$L_2O = 0.5\, L_2M_2$$
$$OL_1 = 0.5\, OM_2$$

可知均以一半一半取点，方便易记。画透视图位置可在以主点 O 为圆心，视高为半径的圆周内，如图6-17所示。当然可离主点 O 略作左右移动，以获取理想的透视图形象。

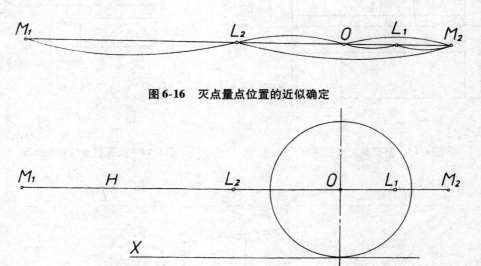

图6-16　灭点量点位置的近似确定

图6-17　画透视图的区域范围

6.2.2 理想画法

当构思一形体形象时，包括构思室内环境形象时，设计者往往首先构思的是透视形象。即便在考虑平面图布置或改造也一定会联想透视的模样。所以，如何先画出较理想的透视图，且要和表现对象的尺度吻合，这显然比较符合一般设计者的愿望。避免按前述作图方法，在画透视图前无法完全预知透视形象是否最为满意的缺点。因此，理想画法常为设计者欢迎而广泛使用。理想画法的基础主要是量点法和对透视对象表现的美术基础。

下面举例说明理想透视具体画法,已知如图 6-18 一小柜,外形尺寸依次为长 X 深 Y 高 Z。首先按理想的要求画出柜子正面的透视图,当然这里已经包含了视高等因素在内。画正面透视时要求高度按已知高 Z 的倍数画,即 $n \cdot Z$。而两点透视正面透视长一定要小于 $n \cdot X$〔图 6-18(a)〕。由此画出灭点 $M_1 M_2$ 视平线 HH。现在的问题是按如此正面的透视形象,侧面深度的透视该画多大。或者是整个柜子立体形象先画好,侧面深度的透视形象是否符合要求的尺寸 Y。由此我们要用两个方向上的量点来检验或纠正。方法是先按正面已画好的透视长和实际尺寸 $n \cdot X$ 连线延长与视平线相交得 L_1 点,如图6-18(c)。

求 L_2 的方法如图 6-19,由于 $M_1 M_2$ 距离一般较大,因此这里用的比例缩小的求法。首先在 O 点上方任选一点 A,连 AM_1、AM_2 两直线,在适当高度画一水平线,与 $AM_1 AM_2$ 两线交于 $(m_1)(m_2)$(图 6-19)。以 $(m_1)(m_2)$ 长为直径画一半圆。连 $L_1 A$ 交直径水平线于 (l_1),以 $(m_1)(l_1)$ 为半径,(m_1) 为圆心画弧交半圆周于 (s) 点,再由 (m_2) 为圆心,$(m_2)(s)$ 长为半径,交 $(m_1)(m_2)$ 水平线于 (l_2) 点,连 $A(l_2)$ 并延长与视平线 H 相交,于是得量点 L_2。这样就可按量点法画出柜子深度方向的透视如图 6-19。在实际画时,往往会因正面透视的大小不当,影响深度方向的透视大小。这就要改变正面透视尺寸,即变动 L_1 位置,从而调整 L_2 的位置以获得深度也适当的透视。因此常常是先按理想要求画出整个柜子的外形轮廓透视,然后再用确定的 L_1 求 L_2 校正深度透视的大小到满意为止。最后用已定量点深入细画各部分。

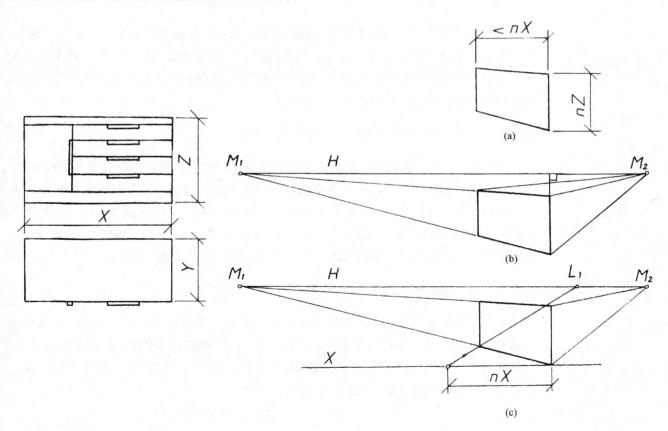

图 6-18 理想画法

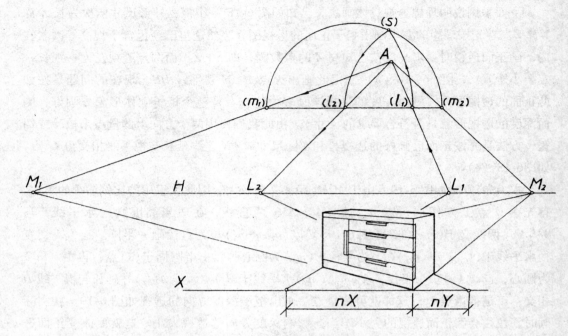

图 6-19 理想画法量点的求法

6.3 透视图的放大

绘制透视图常有画出结果不太理想的情况,所以设计者常常先作一较小的透视图,画小图相对比较方便,如合适满意了再将其放大。尤其是较大的透视图,用小图放大还可避免因图大灭点不在图板内不便作图的问题。这里介绍的方法实际上就是利用三角形相似原理,画一个较大的相似平面图形。

6.3.1 在透视图形外选定一放射中心

如图 6-20(a)就利用原图中一个灭点作为放射中心,过此中心点作一束放射线,柜子深度方向则用作一辅助对角线来确定。只要再画一对角线使其与原图上相应线条平行即可,如图上细线所示。放射中心不一定要选灭点,任何位置都可以,主要看所需图的位置和大小来定。如图 6-20(b)就在图的上方,方法完全一样。这种画法优点是图形位置可任意选定,小图大图分离,图形清楚,原图可保留备查。

6.3.2 在透视图形内选定放射中心

由于室内透视图较大,灭点常常会较远,这时可按图形尺寸画一小图,待感到较满意后就可据此小图放大,这样比较方便省时。方法可在图形中选一点作为放射中心,如例图中选在后墙角,然后画各面的对角线,形成相似三角形放大,如图 6-21。这个方法的优点是较节省图幅,充分利用图纸。

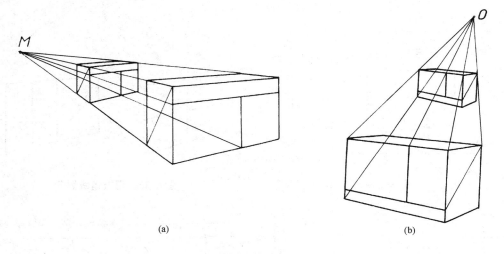

图 6-20 透视图的放大

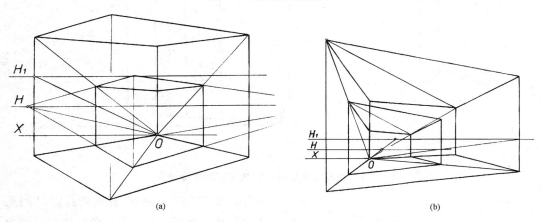

图 6-21 室内透视的放大

6.4 透视图的划分和延伸

无论按视图画透视，还是构思或写生时画立体透视，如果进一步利用透视原理延伸的一些具体作法会使画图更为方便快捷。

6.4.1 划 分

透视平面的划分主要有垂直和水平两个方向上的划分。

垂直方向上由于与画面平行，所以划分可根据要求按比例划分，因无透视收敛变形而较为简单，如图 6-22。

水平方向的划分，对于偶数的等分，可以利用画对角线来等分，如图 6-23。若要求特殊划分，则可按图 6-24，其中图 6-24（a）是利用平行线间距成定比原理，在基线上［也可在画面的水平线上如图 6-24（b）］按比例要求取 a、b、c 等分割，分割点与视平线上一点 L 相连，与次透视相交即可。

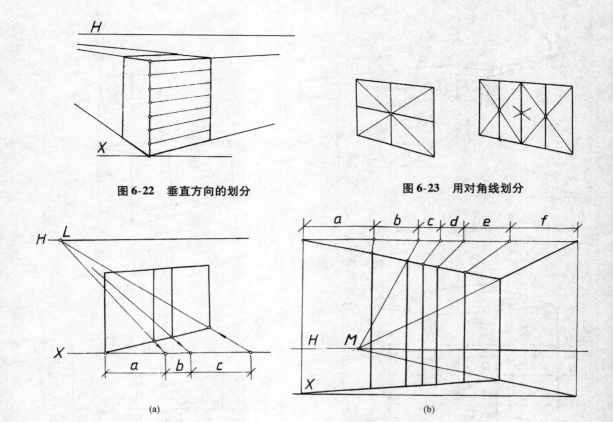

图 6-22 垂直方向的划分

图 6-23 用对角线划分

图 6-24 利用三角形中平行线成定比原理划分

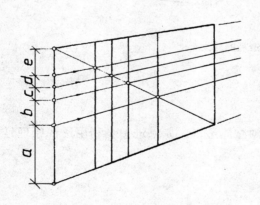

图 6-25 用对角线转移作水平划分

这种画法在分割某一墙面或组合家具的正面时常用，如图 6-24（b）最外边矩形即为实际墙面或家具正面的形状，反映高和宽两个方向尺寸。

水平方向任意的划分还可利用对角线转移的方法，如图 6-25。只要在垂直方向上按比例和要求分好，各分点都与灭点相连，这些直线与一对角线相交，过相交各交点画垂线即可。

当然画对角线要注意方向，否则将颠倒次序。

6.4.2 延 伸

1. 相等部分的延伸

如已知透视图形 ABCD，要延伸连续画与其相同的透视图形，可利用对角线对分原理。如图 6-26，取 CD 线中点 O，连 AO 并延长与 BD 延长线相交于 E 点，DE 即为又一个图形正面宽度，即实际上 ED 长等于 DB 长。如要继续延伸，则按同样方法进行。

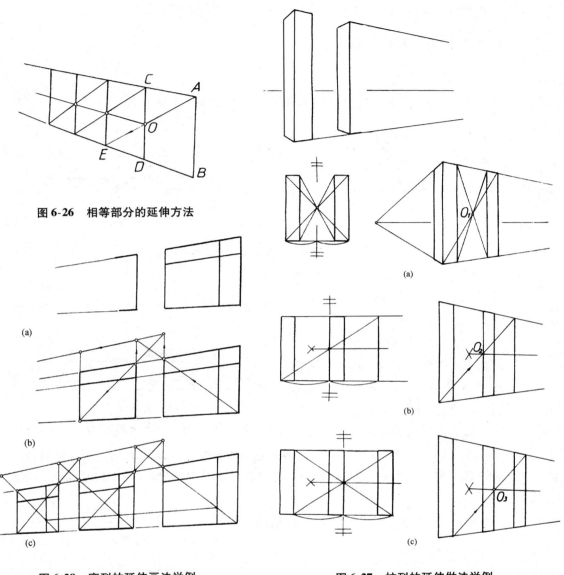

图 6-26 相等部分的延伸方法

图 6-28 窗列的延伸画法举例

图 6-27 柱列的延伸做法举例

2. 相同间距和宽度的延伸

如等距柱列、窗列等，可利用对称原理来画。

图 6-27 求画一系列柱，第一根柱和第一个柱间距已画出。画法可见图 6-27 所示。画法原理可见左边平面视图上的作图线。其中垂线上下有两条细平行线为对称线的符号。做法是不断找出对称点中点，画对角线找出对称的透视位置。

对于窗列还可按图 6-28 画法。从图中可见利用对角线和间距宽度画出重复的透视图形，包括窗框内部窗格的分割。

6.5　室内家具陈设的透视图画法

画室内家具或陈设的透视，在已画好室内透视的基础上，用已定的量点或画出地面网格作为坐标定出家具的次透视，然后画出其透视高度以完成作图。

6.5.1 家具次透视的画法

1. 用量点法或距离点法

由家具大小和位置的纵横尺寸画出家具次透视，如图6-29。

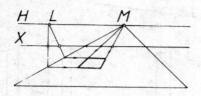
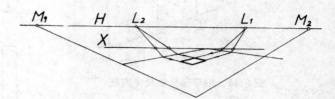

图6-29 室内家具次透视的画法

2. 先画出地面网格的透视

相当于建一坐标系，再在网格线上定次透视位置。

透视网格的画法，常利用对角线灭点来控制。室内一点透视正方形网格对角线灭点即为距离点 L（图6-30）。而两点透视的网格画法，若利用量点和对角线灭点结合

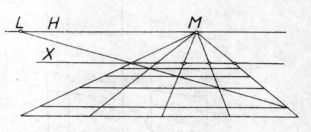

图6-30 一点透视正方形网格对角线的灭点

起来画就较方便准确。方格网对角线灭点的求法如图6-31，利用 $\angle(m_2)(s)(m_1)$ 等分角线交于半圆的水平直径线上 dm，连 Ad_m 并延长与视平线 HH 相交即为对角线灭点 D_M。

图6-32 是另一种求对角线灭点的方法。

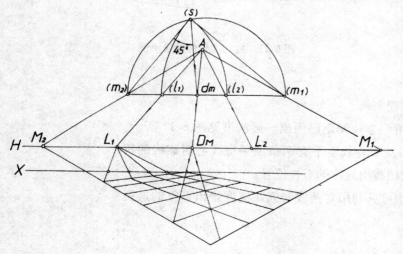

图6-31 两点透视正方形网格对角线灭点

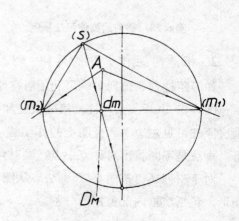

图6-32 两点透视正方形网格对角线灭点的另一求法

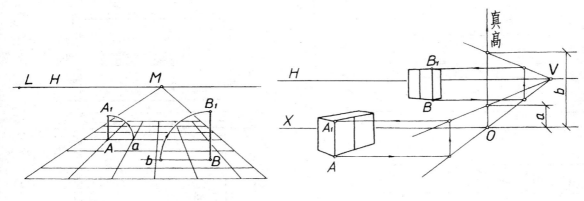

图 6-33 按网格取透视高度　　图 6-34 集中量高法

6.5.2 家具透视高度

在室内次透视均已画好条件下，画家具透视高度除了利用画面可量真高，分别引水平线求得外，一般按如下两种方法作透视高比较方便实用。

1. 利用网格尺寸

利用网格大小尺寸已知，一点透视常按此法求高，如图 6-33 所示。根据次透视所在位置，参照与画面平行的网格线可直接量出透视高度。

2. 利用水平线集中量高

具体做法如图 6-34。在视平线 HH 上适当位置取一点 V 作为一系列水平等高线的灭点。在 V 点附近画一铅垂线作为真高线，此线与基线相交处 O 点即高度为 0 处。连 VO 并延长，这是远近高度都为 0 的一条直线。如现在要求次透视点 A 处真高为 a 的透视位置，可在真高线上从 O 向上量取 a，过此高度点作直线与 V 相交并延长，过 A 点作水平线（与画面平行）与 VO 线相交于一点，由此向上与才画的一直线相交，这个高度即为 A 处透视高，再平移过去即可得 A_1 点，此时 AA_1 透视的实际真高为 a。B 点高度为 b 的透视 BB_1，其透视画法完全一样。

6.6 室内透视图画法

画室内透视图具体的方法仍然是前章所述的基本方法，但常以理想画法为主。这里主要介绍怎样以理想画法画室内透视。

6.6.1 一点透视图

以图 6-35 一简单室内为例，图中有一柱，一吸顶灯具，一门，一窗，其画法如图 6-36。步骤是：

（1）为使图形较大，画图又较方便，常取后墙面作为画面，自定视高及主点 s' 位置。

（2）以理想要求画出地面透视，大小尺度比例应与所画具体室内相应，主要是深度方向要定得恰当 [图 6-36（a）]。

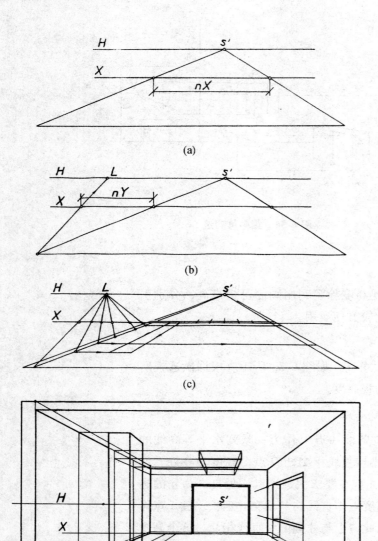

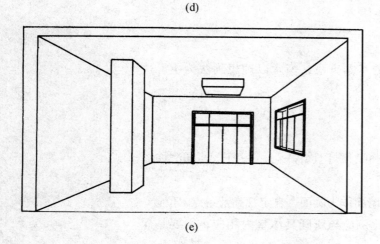

图 6-36 室内一点理想画法

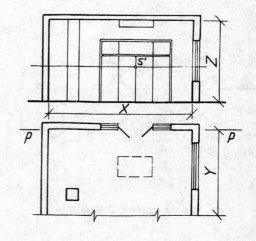

图 6-35 某室内两视图

(3) 按所定透视深度连实际深度 $n \cdot Y$，在视平线上求得距离点 L [图 6-36 (b)]。

(4) 以所求得 L 点，按距离点法画全室内次透视 [图 6-36 (c)]。

(5) 以画面后墙为真高，画全室内各面及柱、灯等的透视 [图 6-36 (d)]。图 6-36 (e) 即为最后完成的室内透视图。

6.6.2 两点透视图

画室内两点透视除了画室内某一角落以重点表现外，如要画完整某室内空间常画成图 6-37 形式。从图 6-37 (a) 可见，墙面也仅两面，因此有时为了与一点透视接近，减小偏角，画成图 6-37 (b) 形式，以表现更宽些。当然这样画要注意室内某些区域会有变形或表现不够清楚。

现以图 6-38 所示一室内为例，说明室内两点透视的画法。

(1) 按理想画法先画出一面墙的理想透视形象，这里包括定视高，画出视平线 HH 和基线 XX 以及地面的透视如图 6-39 (a)。画面一般选在后面墙角，室内净高透视按 $n \cdot Z$ 尺寸画出。

(2) 由地面透视及墙面透视定出 2 个灭点 $M_1 M_2$ 以及由 $n \cdot X$ 定出 L_1，如图 6-39 (b)。

(3) 用单件透视中已叙述的理想画法求出 L_2 点，如图 6-39 (c)。

6.6 室内透视图画法

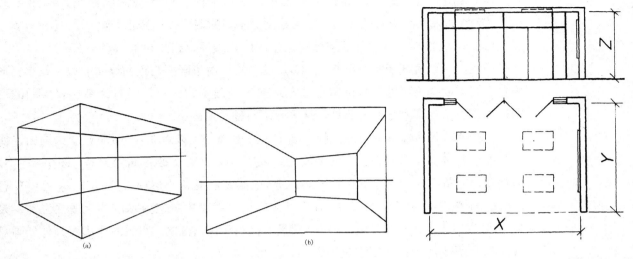

图 6-37 室内两点透视常见的两种形象

图 6-38 某一室内（部分）平面图和剖面图

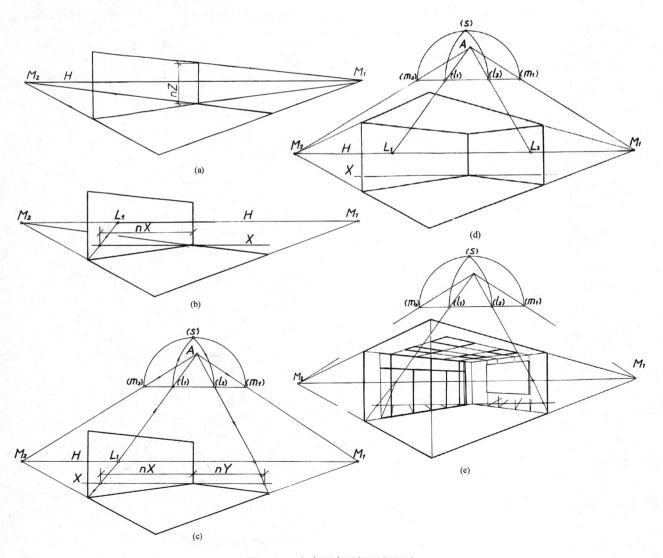

图 6-39 室内两点透视理想画法

(4) 由 L_2 确定另一面墙的透视大小，于是室内轮廓透视图已画出，如图 6-39 (d)。当然如果两面墙的透视与实际尺寸比例不当的话，要作修正调整。

(5) L_1L_2 既定，遂可按量点法画出室内两点透视，如图 6-39 (e)。

画室内两点透视还常按图 6-37 (b) 的画法。由于画面与正面墙面的偏角较小，形成左右两墙面均为可见，即保留了一点透视表现面多的优点，同时又有比较生动的形象，更接近于观察者在室内所见。这里介绍两种常用画法。

一种画法是在原有一点透视的基础上，另增加一个灭点 M_2，用理想画法画出，如图 6-40。具体做法是，在视平线上较远处再选一灭点 M_2，改正面墙图形，图 6-40 (b) 中是左边墙角不变（即令其仍处于画面上），其宽度变化当然由 L_2 决定。L_2 可由理想画法已知 $M_1M_2L_1$ 求得。由 L_1L_2 画出地板网格，就可决定室内陈设的次透视位置，完成室内透视图。图 6-40 (b) 中虚线圆是表示正常视角范围，可见右边虚线圆外处画家具及陈设品将会产生透视歪曲变形。

第二种直接画法如图 6-41。已知一室内开间尺寸 a，净高 b，按需要放大一定倍数如以 na，nb 尺寸画矩形，定视高及一灭点 M [图 6-41 (b)]。由 M 连矩形各顶点，在

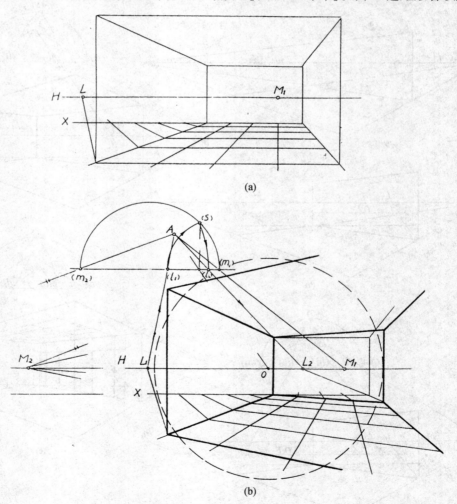

图 6-40　第二种室内两点透视的画法

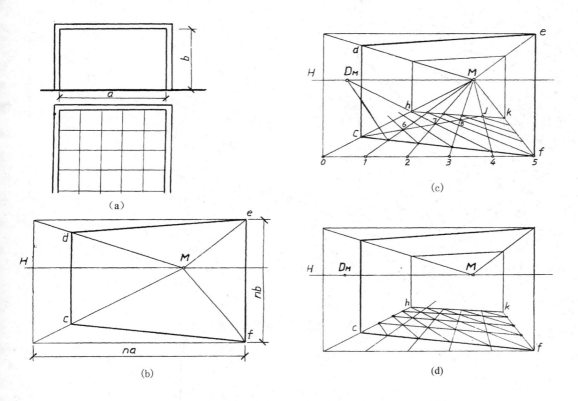

图 6-41　第二种室内两点透视的另一个画法

左边两连线上自行定出 cd 垂线，连 $cdef$。接着定地面（深度）透视，按图 6-41（a）中开间分五格，在 na 水平线上也分五格，得 0，1，2，3，4，5 各点，连 $M0$，$M1$，$M2$，……即为地板网纵向线透视（近似，因不求该量点）。然后选定 h 点，即决定地面（现为进深四格）大小，用 $M4$ 与 cf 的交点和 h 相连并延长交 HH 于 D_M 点，因深度均为四格，显然 D_M 就是正方网格的对角线灭点。因此即可画出地板网格横向各条线，如图 6-41（c）（d）。当然此图画面选在前面，即 ef 为室内净高的真高（nb），集中量高画家具陈设时要注意。

6.7　楼梯（一般位置直线）灭点的应用及空间曲线构件的透视画法

6.7.1　一般位置直线的灭点

假设有一个三角形楔块，两条与水平面成一定角度的轮廓线如图 6-42（a）那样与画面不平行，当然该两直线也应有一灭点。从图可见由 S 作平行于这两斜线的直线与画面相交于 M_3 点即为该斜线的灭点。从图上还可看到该斜线灭点与其次透视灭点 M 的位置关系，还可看到该方向水平线的量点 L 作实际倾斜角度即可求得 M_3 点，如图 6-42（b）即为其实际作图方法。一般位置直线灭点在作图中经常用到，如一系列有倾斜平面（画板）的绘图桌透视图（图 6-43）。还有以后画阴影时光线的灭点等。

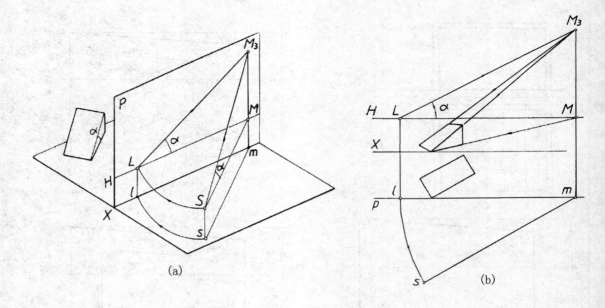

图 6-42 一般位置直线灭点及其作图

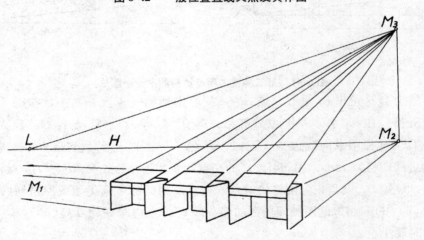

图 6-43 一般位置直线灭点的应用

6.7.2 门窗开启的透视画法

在画室内环境以及家具都常见需要画门或窗开启状态时的透视。我们应掌握开启门窗的各灭点位置以正确画出透视图。一般可先画出门窗开启的活动轨迹即圆弧的透视，然后再利用相应的灭点画出门或窗的透视。

1. 水平方向开启的画法

如图 6-44（a）有一小柜，两扇直开门。开启轨迹已如图虚线所示，门开成任一角度都应参照此轨迹，如图 6-44（b）。由此延长直线与视平线相交得一灭点，由灭点再画门上冒头方向。图上画出了 3 个位置，一种是开启 90°，这可利用原小柜透视中深度方向灭点 M_2 画，图中未标出。还有 2 种位置如 M_3M_4 可按需要选择。

6.7 楼梯（一般位置直线）灭点的应用及空间曲线构件的透视画法

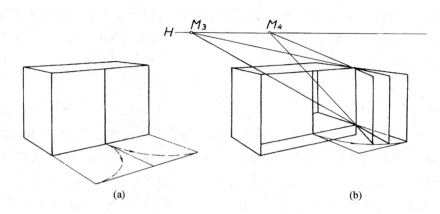

图 6-44 水平开启时柜门的透视画法

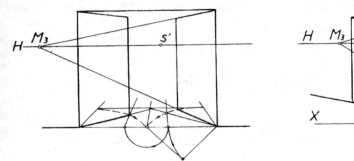 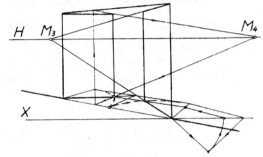

图 6-45 建筑中门开启时的画法

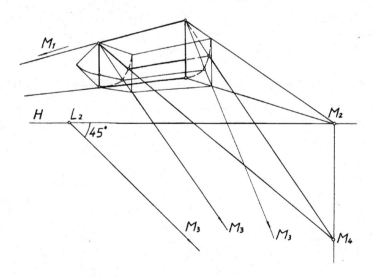

图 6-46 垂直方向开启时窗子透视画法

图 6-45 表示了房间中一面墙处于与画面平行或成角时门开启的画法，也是先画出门开启轨迹的圆弧线，再利用灭点画门的轮廓。

2. 垂直方向开启的画法

与上述相同，先画出开启轨迹，这时的轨迹是处于垂直面的圆弧线（图 6-46）。这时窗子两条斜线的灭点将因不是水平线而不会在视平线上，而应在视平线下方或上方，如图 6-46 中 M_3 一个位置是开启 45°时，M_4 是开启某一角度时的灭点。

6.7.3 楼梯透视画法

1. 直楼梯

楼梯有上有下，由于楼梯每一级踏步高宽一致，所以就需要用灭点来控制其透视，以便获得较准确的透视图。例如有图 6-47 这样一个台阶，若画面在 P_1 位置时，则其透视较为简单，如图 6-48 所示。由于斜线与画面平行因此无灭点，在透视图上仍保持平行。当画面为图 6-47 中 P_2 位置时，仍是一点透视，如图 6-49。这时可见斜线就有必要找出灭点，画法如图 6-49。灭点 M_3 应在其次透视灭点 M 的垂线上方。

当画梯级两点透视时，如图 6-50 所示。画出梯级次透视后，应该找出斜线的灭点 M_3，以控制各梯级的透视大小，画法如图 6-50。

2. 螺旋梯

画螺旋梯的透视比较复杂。现以圆柱螺旋梯为例说明其透视画法。

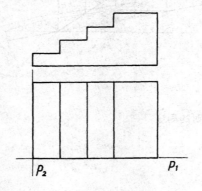

图 6-47 台阶的两视图

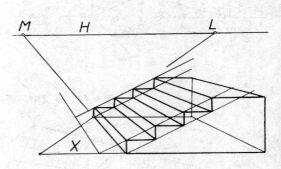

图 6-48 梯级侧面与画面平行时透视画法

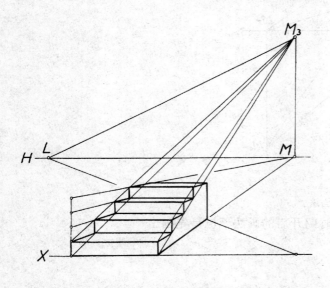

图 6-49 梯级一点透视

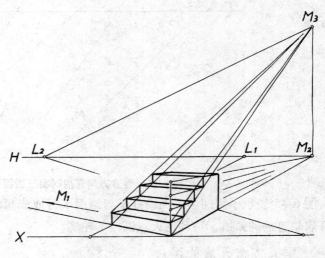

图 6-50 梯级两点透视

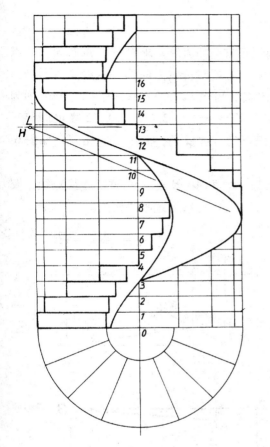

图 6-51 螺旋梯的两视图

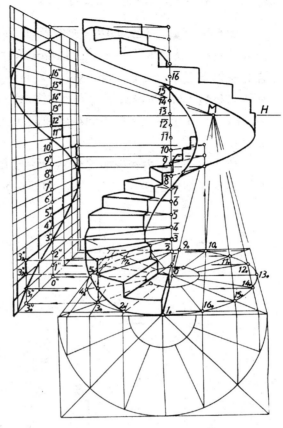

图 6-52 螺旋梯的透视画法

图 6-51 为螺旋梯的投影图（扶手围栏等都省略）。其透视画法如图 6-52 所示。首先画出其次透视，接着画每一梯级的高度透视。为方便找出各梯级的透视高度，现将其正面投影也画成透视图。

从图 6-52 中可看到，每一梯级的踏面形状是一扇形。两端的大小圆弧即螺旋梯的外侧和内侧圆弧。两直线则在螺旋梯轴线上相交。踏面是水平的，因此如第一梯级组成踏面的两直线即交于轴线上第一级高度点 1 点，从地上 0 到 1 即为踏步高，在轴线上可按螺旋梯正面投影的透视依次标出各梯级高度。这样每一组成踏面的两条径向直线就依次与相应高度连接。

另外，在梯级下方由结构厚度形成的则是一螺旋面，与梯级侧面相交形成的曲线即为内外两条螺旋线。

6.8 其他实用画法

画透视图当灭点较远甚至不在图板上时，画通向灭点的直线就极不方便，除了使用专用工具外，方法很多，这里介绍几种较简单的常用方法。

6.8.1 利用作等高水平线的方法

图 6-53（a）有已知 AB 一垂线及过 A 向灭点方向的直线，求作过 B 点向同一灭点方向的直线。方法是在视平线上任取一灭点 F，连 F 向基线方向作一直线交 A 线于 3 点、基线于 1 点，由 1 点画一垂线 1 2 等于 AB 高，再连 F2 交 3 4 垂线于 4，连 B4 即为所求。显然 F2、F1 两直线为等高水平线，高度均等于 AB，3 4 高等于 1 2 高也即等于 AB 高。如 AB 上有更多的不同高度通向同一灭点的直线要画，方法与此相同，如图 6-53（b）。

该法用于画室内透视如图 6-54 所示。已知一墙角 AB 及过 A 的两条透视直线，要过 B 画两条对应的透视直线。方法如图 6-54（b），可见与上述画法相同。

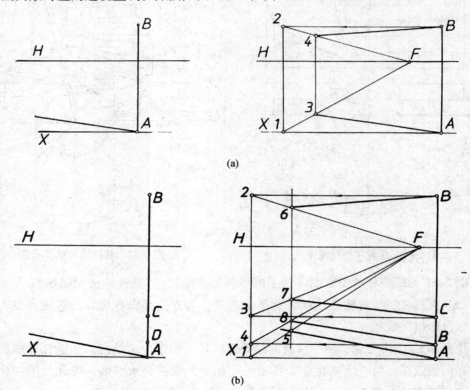

图 6-53 灭点较远时通向灭点透视直线的做法

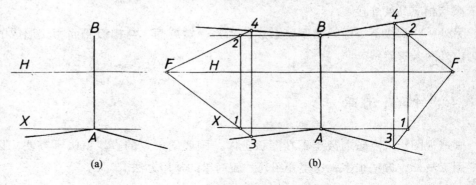

图 6-54 灭点较远时室内透视轮廓线画法

6.8.2 利用画相似三角形的作图方法

如图 6-55（a），已知透视图上一垂线 AB 及过 A 通向较远灭点的一直线，求过 B 作通向同一灭点的直线。方法是作两个相似三角形，如先作 $\triangle AFB$，令 F 在视平线上。再在视平线上另作一点 F_1，作 $F_1 1$ 线平行于 FA，过 1 作垂线，再作 $F_1 2$ 平行于 FB 交 12 线于 2 点，连 $B2$ 即为所求。

图 6-55（b）是不同位置需要画类似直线时的做法，其中可见相似三角形为 $\triangle ABF$ 和 $\triangle 12 F_1$。

6.8.3 利用等比的作图方法

如图 6-56（a），已知 ABC 一垂线，其中过 A 已有一直线通向灭点，求过 B、C 各作一直线均通向同一灭点。方法是在适当地方再作一垂线，画出该垂线上各点，使其与已知直线上各点分割直线比例相同，如图中 $A_1 E_1 : E_1 B_1 : B_1 C_1 = AE : EB : BC$，其中令 E、E_1 均在视平线上，这样只要相交连接 BB_1、CC_1 即成，如图 6-56（b）。

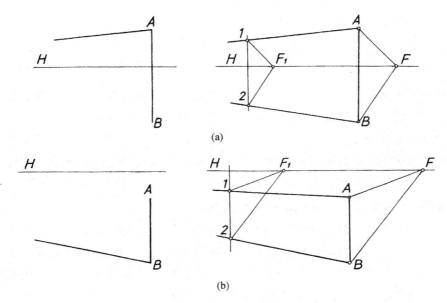

图 6-55　用相似三角形法画灭点较远直线

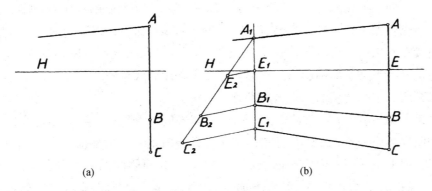

图 6-56　利用等比作图方法

7 阴影与虚像

家具设计和室内设计过程中必须有透视图和视图，就是为了反映设计者的空间构思，使人感受到室内环境包括家具陈设的逼真形象，用于研究讨论和初步评价设计方案。特别是作为陈列展览用的设计图，一般都需要有所谓"效果图"，更需要运用各种手段使所画的透视图犹如实际看到的一样。大家知道，我们之所以能感受实际环境包括陈设，没有光线是不可能的。当然，由于光线的方向、强弱，光源的种类，周围的环境等等都将影响表现对象各表面的明暗变化和色彩变化。显然，要如实反映这些变化是十分复杂的，我们要把握这种情况，当然要认真观察分析，通过学习绘画、写生，逐步掌握外，还需要学习阴影形成的规律与具体的作图方法，这样会有助于正确地运用光线，画出符合实际的阴影以达到预期的效果。只有综合运用这两方面的知识和技能才能比较理想地表现室内环境以及家具的形象。

本章仅叙述阴影的形成规律和作图方法，包括正投影图中的影子和透视图中的阴影两部分。如图7-1和图7-2所示例子。可以看出画了影子的视图和透视图，立体感就要强些。对于视图来说，还能帮助看出正面设计的虚实比较，以及凹进凸出的变化。

这里没有画出由于材料不同产生的反光，也没有表现材料的质感等等，而是主要研究在一定光线下产生的阴影的正确形状，作为画设计效果图的基础。

下面介绍画阴影常用的几个名词术语，如图7-3。

图7-3上箭头表示光线方向。光线由于光源不同，有平行光线和中心光线两大类。我们常把阳光算作平行光线，而把室内某一灯具照射下发出的辐射状光线称中心光线。物体在光线照射下，迎光而明亮的表面称阳面，背光而阴暗的表面称阴面。阳面和阴面的分界线称为阴线。在一些受光表面上，由于物体或物体的某一部分遮住了光线，

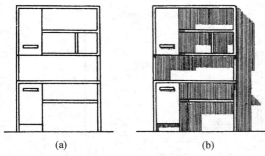

图 7-1 视图画与不画影子的比较

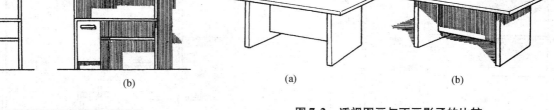

图 7-2 透视图画与不画影子的比较

造成了部分表面阴暗的轮廓，这就是影或称落影、影子。构成影子的轮廓线称影线。出现影子的表面称承影面。阴和影合称为阴影。

为了要画出阴影，首先要明确光线的方向，由此区别阳面和阴面，并用线条或遍涂成暗色表示阴面，然后就是画影子。从图 7-3 可以看到，画影子主要是确定影子的轮廓线影线，而影线实际上就是阴线的落影，所以在分清阳面、阴面时就要同时明确各条阴线的位置，以便逐条求出其落影，也就画出整个物体的影子了。

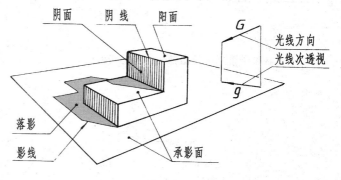

图 7-3 阴影常用名词术语

7.1 正投影图中的影子画法

7.1.1 正投影图中画影子时光线的选择

画图时，采用什么类型光线，平行光线还是中心光线，角度又如何，主要应从最后画好的带阴影的图的效果出发来选择。也就是说从需要表现更强的立体感要求画影子。由影子返过来选择合适的光线。这与实际先有光线后有影子不同。当然选定了光线，立体上各个部分出现的阴影情况也就随之确定。

正投影图中画阴影通常采用平行光线，而且光线的方向一般使用正立方体对角线的方向，如图 7-4 所示。因为这个方向在三视图中的投影都是与水平线成 45° 的斜线，便于画图。而且还能利用影子的大小判断凹进凸出的具体尺寸，如图 7-5、图 7-6 中用尺寸对照标出了影子的大小和正面凹凸的等量关系。从而从一个视图上就可大致清楚前后关系及各部分深度的不同，有助于加强平面视图的表现力。

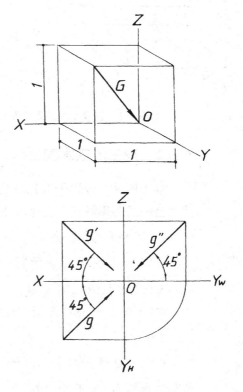

图 7-4 在正投影图中常用光线的方向

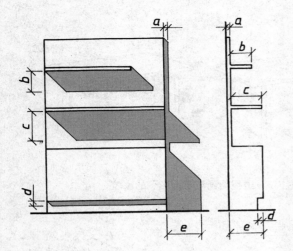
图7-5 从影子可判断凸出部分的实际尺寸

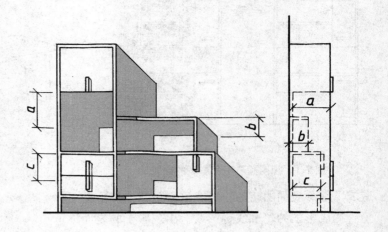
图7-6 从影子可看出空格的实际深度

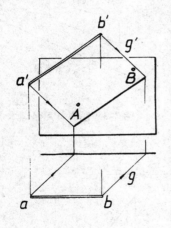

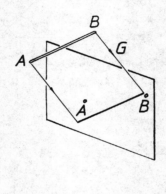

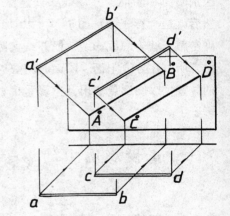

图7-7 直线平行于承影面时的落影　　　　图7-8 平行直线的落影

7.1.2 影子的基本画法

如上所述，画影子首先就是求出阴线的影子。从此意义上说，我们应分析各种位置的直线的落影规律。立体的影子只是直线落影规律的具体应用。

1. 直线的落影规律

（1）当直线平行于承影面时，其落影平行于空间直线，且长度相等，如图7-7。$AB/\!/V$，则$\mathring{A}\mathring{B}/\!/AB$，$\mathring{A}\mathring{B}=AB$。

（2）两平行直线平行于承影面时，其落影也相互平行，如图7-8，$AB/\!/CD$，则$\mathring{A}\mathring{B}/\!/\mathring{C}\mathring{D}$。

（3）一直线在两个相互平行的承影面上的落影为两条相互平行的直线，如图7-9所示。承影面$U/\!/T$、$\mathring{A}u/\!/\mathring{B}t$。

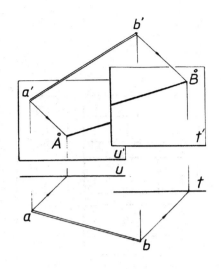
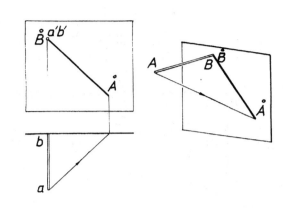

图 7-9　一直线在平行的两承影面上落影　　　图 7-10　垂直于承影面的直线的落影

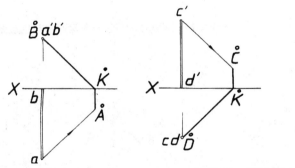
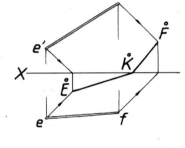

图 7-11　折影点

（4）垂直线在相应投影面上的落影，是与光线投影方向相同的直线，如图 7-10。正垂线 AB 在 V 面上的落影 $\mathring{A}\mathring{B}$ 成 45°斜线。图 7-11 是一正垂线 AB 与铅垂线 CD 同时在两个投影面上有影子，这时影子就成折线。转折点 $\mathring{K}$ 称为折影点。

（5）正垂线在主视图上的影子的投影，与承影面表面形状无关，均为 45°倾斜的直线，如图 7-12、图 7-13。图 7-12 中，AB 除在 V 面上的落影外，在有前后不同系列正平面上的落影其投影仍为一直线，中间有段影子落在水平面上。主视图上因积聚看不到。图 7-13 中铅垂线在两个面上均有落影，在俯视图上落影仍为 45°倾斜直线，不管承影面形状如何。而且主视图上影子与侧视图轮廓成对称。

（6）直线与承影面相交，交点的落影与交点本身重合。如图 7-14，$\mathring{A}$ 和 a' 重合。

（7）相交两直线交点的落影就是两直线落影的交点。如图 7-15。

（8）一直线在相交的两承影面上落影为一折线，折影点在承影面交线上，如图 7-16 所示。要画 AB 直线在相交两承影面上的落影，必须求出折影点 $\mathring{K}$。方法是利用承影面有积聚性的投影（折影点的水平投影必然落在有积聚性的承影面交线的投影上），画与光线成相反方向的直线返求出在直线上的 K 点，由水平投影 k 求出 k'，再求出折影点 $\mathring{K}$ 位置，连 $\mathring{A}\mathring{K}$ 和 $\mathring{K}\mathring{B}$ 即可，这个方法又称"返回光线法"。

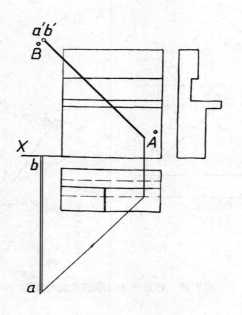
图 7-12 正垂线在主视图中的影子的投影

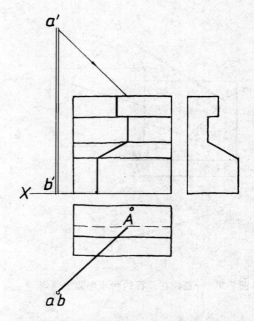
图 7-13 正垂线的影子与承影面形状位置无关

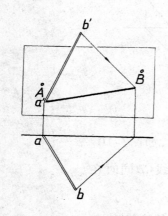
图 7-14 与承影面相交直线交点的影子与交点重合

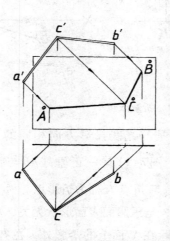
图 7-15 交点的落影

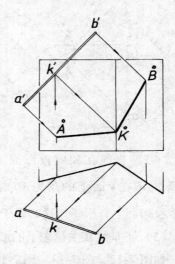
图 7-16 用返回光线法求折影点

2. 投影图上立体的影子

画影子之前先按确定的光线方向（图 7-4），分析阳面和阴面的位置，从而找出阴线。再按上所述求这些阴线在承影面上的落影。

(1) 正投影图中画影子常常只画主视图的影子

如图 7-17 所示，一家具形体悬挂在正面（墙）上，即 V 面上求画影子。按光线方向分析，右边的侧平面和下边的水平面为阴面，而这两个面在主视图上均有积聚性，因此正投影图中一般画不出阴而只画影。

从阴、阳面分析确定阴线为 E—A—B—C—D，按上述方法求出各线的落影，所包围的范围即影子，在视图上画以线条或涂上深色。

为了便于学习分析落影的画法，下面我们将水平投影上的影子也画出来以供作图参考。

(2) 同时落在两个承影面上的立体的影子

如图 7-18，假设有一立体放在水平面 H 上，后面紧靠 V 面，以 V 面、H 面为承影面。这时仅有一阴面右侧面，阴线为 CA 和 AB，这时有两个端点 C 和 B 都在承影面上，它们的影子均为其自身。只要求出 A 的影子 $\mathring{A}$，根据直线的落影规律连起来就完成求影作图。

当立体离开正面 V 时，其影子的变化如图 7-19（a），这时阴面将有两个，即右侧和背面。阴线是 B—A—C—D—E。若立体深度增大，则 A 点的影子就可能落在水平面 H 上，如图 7-19（b）所示。

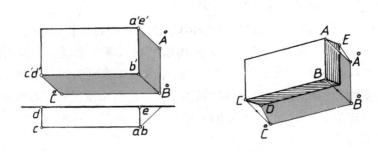

图 7-17　悬柜形体的影子及其求法

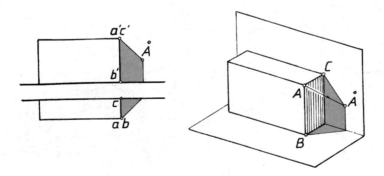

图 7-18　立体在两个承影面上的落影（一）

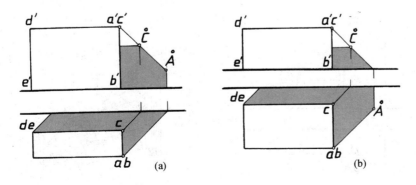

图 7-19　立体在两个承影面上的落影（二）

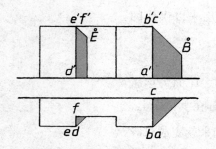

图 7-20 家具形体表面作为承影面而出现影子

（3）家具形体落影举例

当实际应用时，即将墙面和地面作为 V 和 H 面。一般均假设使家具靠在墙边紧贴墙面。

图 7-20 所举家具形体一例，与前示立体不同，在于形体中间一表面也作为承影面而出现影子，这在家具图中是经常出现的现象，画出这类影子将十分有助于显示家具正面的凹凸形状。

看图 7-21 例，注意竖立的形体在横向形体上的影子画法。阴线 AB 的影子将落在 3 个投影面上。主要的还是要求出 A 的落影 $\mathring{A}$。从投影图上分别按光线方向从 A 的 2 个投影划线，正面投影先到水平承影面，求出 A，即 $a'3' = a\mathring{A}$，$\mathring{A}$ 在横向形体的水平面上。

图 7-22 这一点就不同，A 点的影子 $\mathring{A}$ 却在墙上，可进行比较。这时 AB 阴线的承影面更多，其中 3 个都是正平面与之平行，影线也平行，都为垂线。在横向形体下部表面上将有因上部前凸造成的影线 $\overline{2\,3}$，这时正面投影上 $2'$ 点是两条影线的交点。可以看出 $2'$ 可由上面阴线和影线的交点 $1'$ 画 45°斜线求得，这两个点反映了影线从一个承影面过渡到另一个承影面，因此这两个点也称为"过渡点对"。同样，$3'$ 和 $4'$ 也是过渡点对，具体分析不再重复。

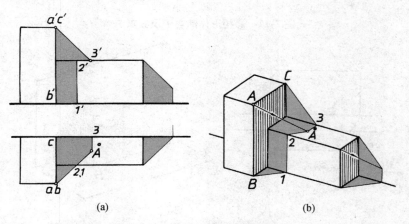

图 7-21 家具形体组合的落影

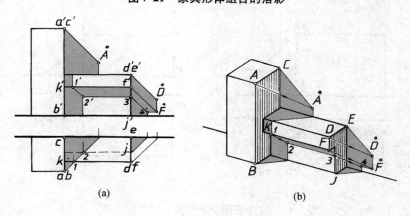

图 7-22 影线的过渡点对

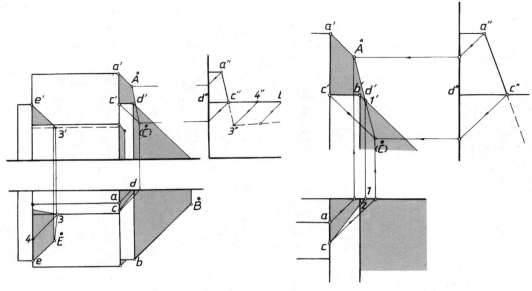

图 7-23　沙发形体的影子　　　　图 7-24　沙发形体影子求法的局部放大图

当出现有斜线时,如图7-23中沙发形体的靠背和座面,扶手落在靠背座面上的影子可利用侧面投影有积聚性来求,如$\mathring{E}$点。右边靠背扶手落在墙面上的影子是这样求得的:先求出$\mathring{A}$,及扶手上BD在墙上的影线,靠背AC部分可假设全落在墙面上,即在墙面上求($\mathring{C}$),求出后与$\mathring{A}$相连,与BD影线交于1′点,正面墙上影子即已完成。如果需要求靠背AC落在扶手面上的一段影子C2,则可利用1′作返回光线求得,详见图7-24 放大中的俯视图部分。

7.1.3　圆及圆柱体的影子

当圆为正平面时,在正平面上的落影仍为圆。只要先求出圆心落影的位置,画圆即可。若轴线是正垂线的圆柱体,如图7-25。在圆柱45°方向上各有一条素线阴线,这

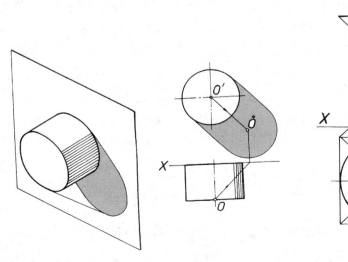

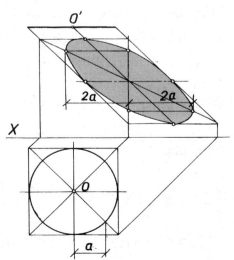

图 7-25　轴线为正垂线时圆柱的影子　　　　图 7-26　水平圆在正面的影子

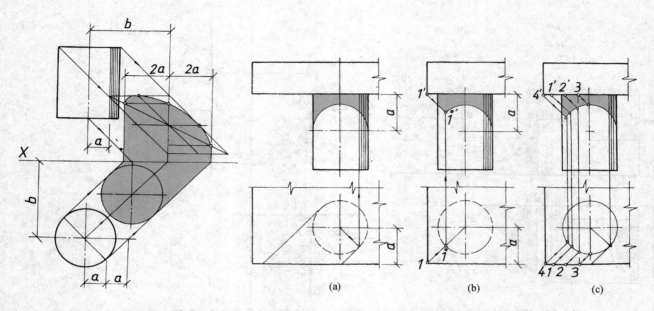

图 7-27 轴线为铅垂线的圆柱体影子

图 7-28 有顶盖的圆柱体上的阴影

时整个圆柱的阴线就是这两条素线和半个圆。画法如图 7-25 所示。

若圆平面为水平面，则在 V 面上的影子是一椭圆，如图 7-26 所示。同样可以用八点法来求之，先画外切圆正方形的影线，再画对角线，用图中的尺寸关系找出对角线上的 4 个点，画椭圆即成。

图 7-27 是一圆柱的影子同时落在两个承影面上，其画法就是综合上面两种情况，其中某些尺寸已用 a 和 b 表示之，画图时可加以利用。

在家具图中更多的是直阴线落在圆柱面上求影子，如图 7-28 所举例子。图 7-28 中分别举了 3 种不同位置的圆柱体出现的不同影子求法。图 7-28（a）是上面柱体阴线中落到圆柱上仅是侧垂线一条，这时落在圆柱上的影线，实际上是过该阴线倾斜 45°的光平面截圆柱所得交线。由于是 45°方向，所得椭圆投影恰好是圆。可见部分为半圆。若如图 7-28（b）所示位置，除侧垂线阴线落在圆柱上外，左边还有一段正垂线阴线要落影在圆柱上。由前述可知这段影线为 45°直线。图 7-28（c）则是逐点的求法。

以上讨论的正投影图中的影子画法，光线是按正立方体对角线方向选定的，在实际应用中，为了从效果出发，也常常使用不同此角度的光线。例如一些家具的空格，由于深度的关系，按影子大小和深度一样将在图上出现一片黑，这样不利于表现效果。不如留出一定的亮面为好，因此在画具体影子时，同时要考虑既要使影子出现合理，又要增强效果。

7.2 透视图中的阴影画法

透视图中画阴影，光线的选择灵活性较大。主要还是按前面所讲的原则，即画以合适的影子从而加强立体效果。常用的光线有平行光线和中心光线两大类。不是处在特殊环境下一般多用平行光线。

7.2.1 平行光线

1. 与画面平行的平行光线

如图7-29，与画面平行的光线在透视图上的表现就是光线 G 的次透视 g 平行于基线。平行光线在透视图上仍画平行线，没有灭点。因此也将这种光线称无灭光线。

（1）平面的影子求法

举例说明影子的画法。如图7-30，已知光线透视 G 和次透视 g 及铅垂面 ABB_1A_1，求落影。过 A 透视引直线平行于光线 G 的方向，再从 A 的次透视 A_1 引直线平行于光线次透视 g 的方向，相交于 $\mathring{A}$ 点，即为 A 在地面上的落影。由于 A_1 在承影面上，影子就是其本身，所以 AA_1 的影子就是 $\mathring{A}A_1$。同样可求出 B 的影子，连 $\mathring{A}\mathring{B}$ 为 AB 的落影。由于 AB 平行于承影面，$\mathring{A}\mathring{B}$ 也平行于 AB，故其交于灭点 M，至此 ABB_1A_1 的影子全部画出。一般看不见部分在透视图中是不画的。因此只要将可见部分影子涂暗即可。

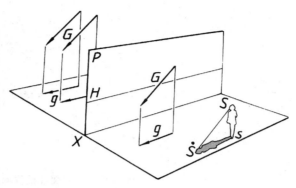

图7-29 与画面平行的光线

当铅垂平面的影子落在两个承影面上时，如图7-31。其中直线 AA_1 的影子同时落到两个承影面上，因此成了折线，中间出现折影点1。

水平面在铅垂位置承影面上的落影求法，如图7-32所示。主要求出 A 点和 B 点在承影面上的落影。可利用 A 和 B 的次透视作图，相当于画出 AA_1 的影子，从而求出 A 的落影 $\mathring{A}$。

（2）立体的阴影画法

以图7-33为例，首先找出在已知光线照射下立体的阴阳面，从而确定阴线位

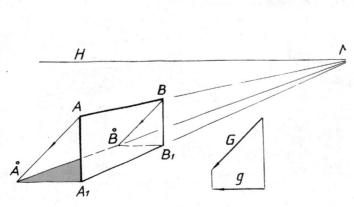

图7-30 铅垂面在地面上的影子

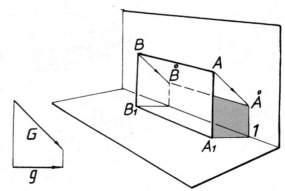

图7-31 铅垂面的影子同时落在两个承影面上

140 · 7 阴影与虚像

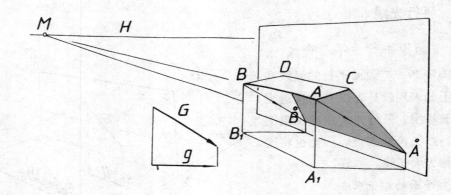

图 7-32 水平面在铅垂承影面上的落影

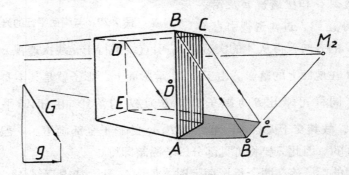

图 7-33 立体阴影的求法

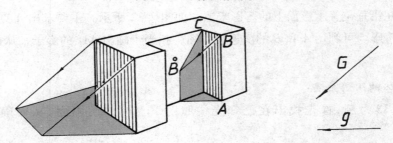

图 7-34 家具形体表面作为承影面的例子

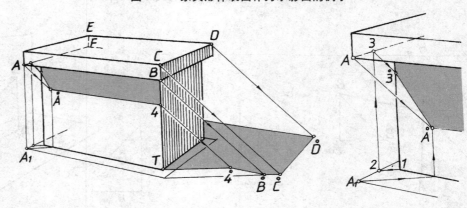

图 7-35 过渡点对和返回光线法的应用

置。如图阴线为 $A—B—C—D—E$，求其影子 $\mathring{A}\mathring{B}\mathring{C}\mathring{D}\mathring{E}$，其中因 AB、DE 垂直于地平面，故它们的影子与光线次透视平行，而 BC、CD 平行于地平面，其影子 $\mathring{B}\mathring{C}$、$\mathring{C}\mathring{D}$ 也与阴线平行而分别交于灭点 M_2、M_1。将可见部分的阴面和影子画上线条或涂暗以示阴影即完成作图。

（3）家具形体求阴影举例

图 7-34 是家具形体表面也落上影子的例子。其中只要求出 B 的影子 $\mathring{B}$，C 在承影面上，故 CB 的影子即为 $C\mathring{B}$，BA 的影子有两个承影面，注意只有一个折影点。

图 7-35 列举了"过渡点对"和"返回光线法"的应用。图中 4 和 $\mathring{4}$ 点是一对过渡点，可以看出 AB 的落影一部分在家具形体正面上（$\mathring{A}4$），一部分却落到地平面上（$\mathring{4}\mathring{B}$），而过 T 的垂线在地平面上的影子由于 AB 的落影而中断，到 $\mathring{4}$ 为止。

左边垂直棱线上折影点 $\mathring{3}$ 的求出就是用的返回光线法。先求出 A 的影子，现 $\mathring{A}$ 在形体正面上。说明左边部分将会是阴线 AF 的落影。求出垂直棱线上的折影点 $\mathring{3}$ 就可与 $\mathring{A}$ 相连而完成作图。3 的求法由棱线垂足 1 画水平线（光线次透视反方向）到 AF 的次透视线上 2 点，垂直向上在 AF 上找出 3 点，从而按光线 G 方向求出 $\mathring{3}$ 点。

图 7-36 是又一例子，其中 1 和 2，J 和 $\mathring{J}$ 都是过渡点对。KJ 影线的求法是假设延长 KJ 至铅垂承影面，利用与承影面相交的交点 N，其影子就是其本身，这样连 N 而求得 KJ 在铅垂承影面上的落影。

对于具体家具来说，还要注意细部如板的厚度等，如图 7-37。其中要注意的是 AE 的落影 $\mathring{A}\mathring{E}$ 不要连错 E 点。还有是 $D3$ 这条影线的画法。一种是可以利用过渡点对和返回光线法求，即先画出过 T 的铅垂棱线在墙面上的落影，再求出 CD 在墙面上的落影，两落影的交点即为 4 点，返回至 T 棱线上求得 3。还可以用"延伸平面法"求这条影线，如图 7-38 所示。假设将要有落影的承影面延伸扩大，这样就可求出 CB 在假想扩大面上的落影，实际上当然是没有的，所以用括弧表示，再由 $(\mathring{C})$ 连接在承影面上的点 D，该线就是 CD 的影线。

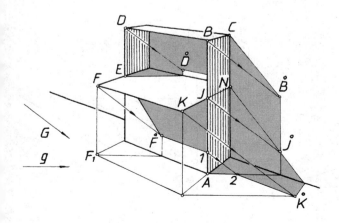

图 7-36　家具形体落影举例

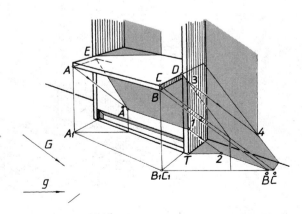

图 7-37　某家具下部阴影画法分析

图7-39就是用"延伸平面法"求 AB 落在矮小立体正面上影子 $\mathring{A}E$,即假想向上延伸矮小立体正面与 AB 相交,D 即为其交点。于是可利用交点的影子即为其本身,连 D 与 $\mathring{A}$,交于正面一段 $\mathring{A}E$ 即为所求。

当画梯级上的落影时,应用延伸平面法比较方便。图7-40中求 AB 阴线的落影就是利用各承影面延伸使之与 AB 相交,从而画出各表面的影线。

2. 与画面相交的平行光线

与画面平行的光线虽然可以改变光线角度,但因与画面平行常常还不能满足画阴影的多方面要求,因此还要运用与画面相交的光线来画阴影,如图7-41所示。这是光线的一种方向,即从观察者后面右边射向前面左方。从图7-41可看出,由于光线 G 与画面呈相交位置,因此,平行的光线就有了灭点 M_G,从斜线灭点可知,次透视的灭点 M_g 和 M_G 在同一条垂线上。因此与画面相交的平行光线又称有灭光线。

求空间一点的落影方法与上面类似。过空间点透视画光线方向即与光线灭点 M_G 相连,再过空间点的次透视与光线次透视灭点 M_g 相连,两直线相交即为空间点在地平面上的落影。

由于光线与画面成一定角度,因此就可以根据表现需要而选择多种方向。如图7-42所示,同一家具形体由于不同方向的光线照射下出现不同的阴影,带来相异的效果。如图7-42(a)(b)是家具透视图中常用的光线方向,可以看出这两种光线都是从观察者背

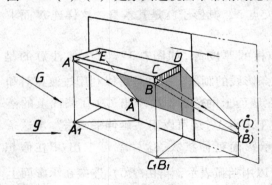

图7-38 "延伸平面法"的应用

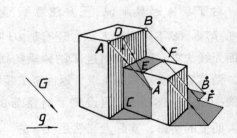

图7-39 用延伸平面法求影线

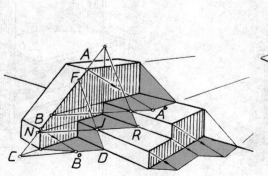

图7-40 延伸平面法的应用举例

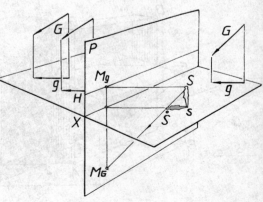

图7-41 与画面相交的平行光线

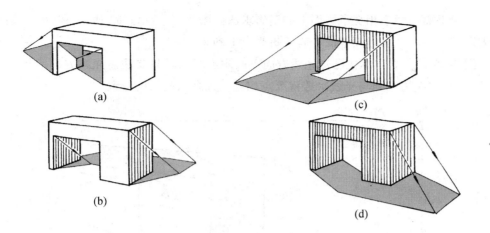

图 7-42 不同光线方向下的阴影比较

后射向画面的，所谓"正光"，图 7-42（c）(d)即属"逆光"，图 7-42（c）为偏逆光，图 7-42（d）为全逆光，由于可见表面皆处于阴面状态，所以家具图中极少应用。

（1）阴影的基本画法

图 7-43、图 7-44 是一铅垂面 ABDC 在地平面上落影的求法。可看出，光线的透视要交于光线灭点 M_G，次透视则与光线的次透视灭点 M_g 相连，对应相交求得空间点的落影。铅垂线在地平面上的落影为过垂足的通向光线次透视灭点的直线。与承影面平行的直线的落影仍平行于直线，在图上应通向同一灭点。

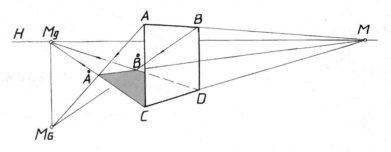

图 7-43 与画面相交光线下铅垂面阴影的求法

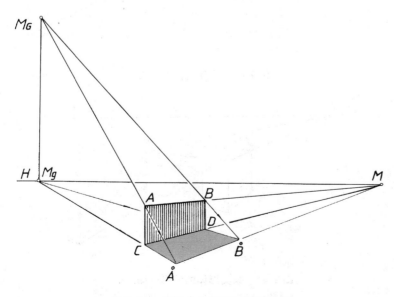

图 7-44 光线方向不同阴影的作图

一铅垂面在两个相交承影面上的落影求法如图7-45所示。图中 AC 和 BD 两铅垂线都因影子落在两个承影面上而各有一折影点 1 和 2。

图 7-46 是一立方体在已知光线方向下的阴影求法。只要注意光线方向应集交于光线灭点 M_G，次透视则与光线次透视灭点相连，其余做法与前一致。

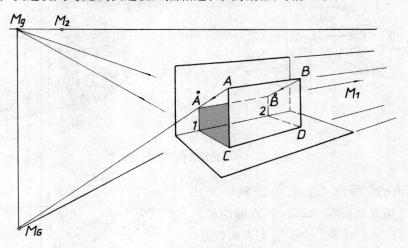

图 7-45　铅垂面在两个承影面上的落影

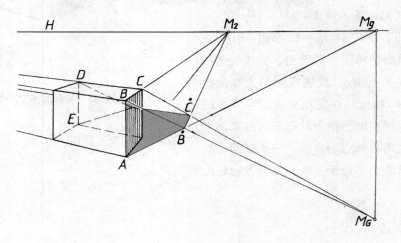

图 7-46　立体的阴影求法

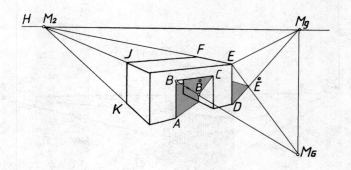

图 7-47　家具形体的阴影作图之一

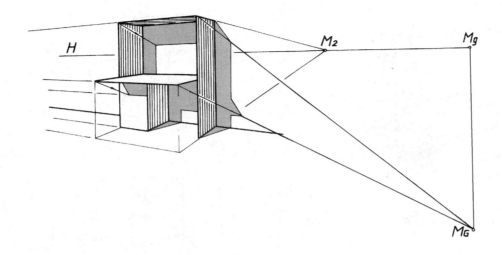

图 7-48　家具形体的阴影作图之二

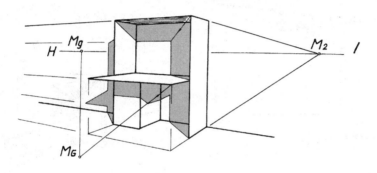

图 7-49　不同方向的光线下家具形体的阴影

(2) 家具形体的阴影作图

图 7-47 是写字台的形体，从已知 M_G 和 M_g，判断光线方向是从背后射向画面的，还可从次透视与光线次透视灭点的连线判断阴面阳面，从而确定（具体判断方法见图 7-51），阴线有 D—E—F—J—K，以及 A—B—C，这样就可按求直线的影子的方法作阴影了。

图 7-48、图 7-49 是同一家具形体，在不同方向光线照射下出现不同阴影的例子。做法不再详述。

图 7-50 是家具形体阴影作图的又一实例。其中也应用了前面画阴影的一些方法，如过渡点对 1 和 2；延长 AF 与墙面相交于 3 点，为求 AF 在墙上的影子，其中斜线 JF 是用求出两端点的影子再相连画出其影线的。上端点 J 的影子 J̊ 因离地平面较远，而利用在 J 的水平方向作的，即过 J 和 M_g 相连、与 K 水平线相交于 5，5 即承影面上的点，再垂直向下，与 J 的光线方向直线相交于 J̊ 点。

(3) 阴影作图中的 2 个问题

一是在相交光线下透视图上如何确定阴面和阳面，如已知光线次透视灭点 M_g，如图 7-51。图中只画出立体的次透视 ABCD，只要试着使各点与 M_g 相连，处于最外边的两条连线即可决定阳面和阴面的位置。如图 7-51 (a) 中 AB 和 BC 两个面将为阴面，而图 7-

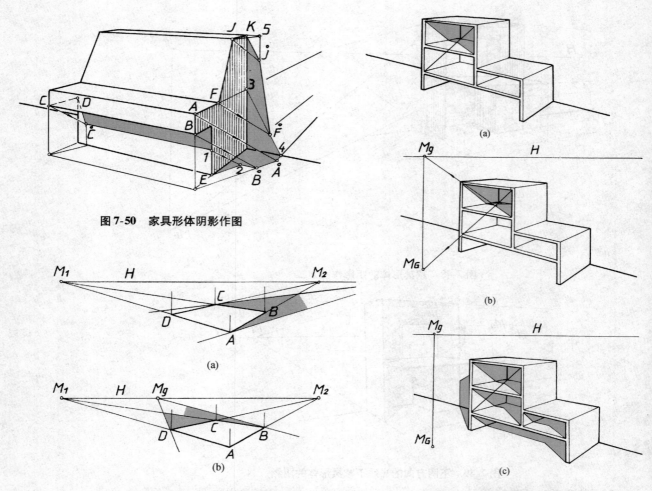

图 7-50 家具形体阴影作图

图 7-51 相交光线下立体透视阴阳面的判别方法

图 7-52 阴影作图的实用做法

51（b）中，因 M_g 的位置不同，同一次透视 ABCD 则是 BC 和 CD 两个面将为阴面。

其余水平面则由于光线一般取自上而下而容易判别。

另外，光线方向即 M_g、M_G 的位置如何选定。实用上是先由作图者的愿望，根据理想要求先大致定出家具上局部影子，如图 7-52（a），然后根据已经定出的这些影子，返求出光线灭点和其次透视灭点。如图 7-52（b），最后再从求出的 M_g 和 M_G 作出其余部分应该有的阴影，如图 7-52（c）。

7.2.2 中心光线

中心光线是指光线源出自一个中心光源，光线呈放射状，常用于室内某些环境条件下需要烘托气氛用。画法如图 7-53 所示。其中 G 表示光源中心，g 为光源的次透视。光线都将由 G 发出。如求落在地平面上的影，则由所求点的次透视和光源中心的次透视 g 相连与过所求点的光线相交即为点的落影。

图 7-54 是铅垂面在两个承影面上有落影的例子。与图 7-53 一样可以看出，平行于承影面的直线的影子仍平行于直线本身，有灭点就应交于同一灭点，如图 7-54 中 $\overset{\circ}{A}\overset{\circ}{B}$ 和 AB。

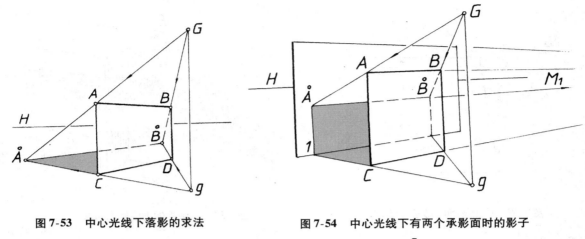

图 7-53　中心光线下落影的求法　　　图 7-54　中心光线下有两个承影面时的影子

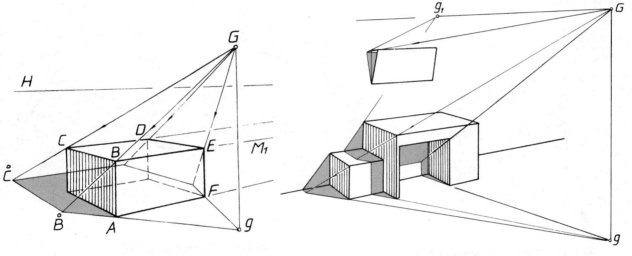

图 7-55　中心光线下立体的阴影　　　图 7-56　中心光线应用实例

中心光线下立体在地平面上阴影求法如图7-55。与前面不同的是阴面多了，从 g 和立体次透视相连，可知除了 AF 这个面外，其余3个铅垂面均为阴面，因此阴线是 $A—B—C—D—E—F$。

图 7-56 是室内某一墙面及家具的阴影作图实例。其中墙上挂画的影子具体画法如图7-57。为求出落在墙上的影子，可先作出光源中心在该墙上的次透视 g_1，由 M_2 求出 A 点在墙上的次透视 A_1，连 A_1g_1 并延长，过 A 连光线方向与之相交于 $\mathring{A}$，即求出 A 在墙壁上的影子，其余就好作了。

写字桌形体旁边柜体上的影子具体求法如图7-58，其中 EF 在墙上的影子是假设没有柜体情况下，先求出 EF 在墙上的影子 $(\mathring{E})F$，$(\mathring{E})F$ 交于柜体上面的2点。因 EF 与柜体上表面平行，其影子也平行，过2作 EF 的平行线，过 E 的光线与之相交即可求得 $\mathring{E}$；也可用延伸平面法求 $\mathring{E}$，即先作 ED 在柜体铅垂面上的影子34，延伸柜体上水平面到 DE，交于 N 点。N 点即相当于 ED 与该水平承影面的交点，所以可以连 $N4$ 并延长即可求出 $\mathring{E}$。

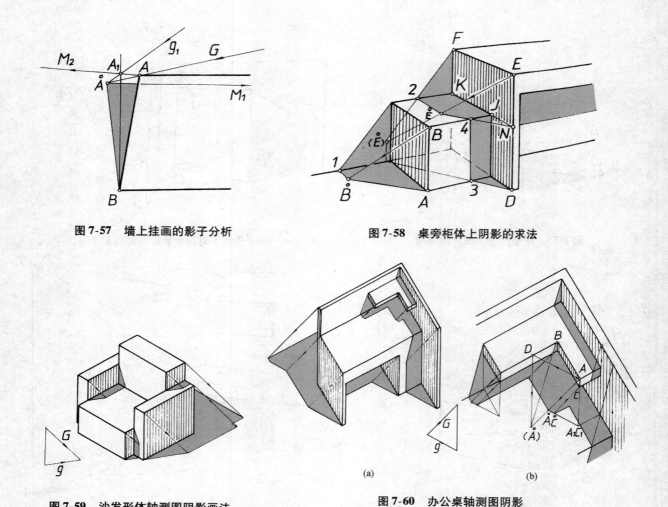

图7-57 墙上挂画的影子分析

图7-58 桌旁柜体上阴影的求法

图7-59 沙发形体轴测图阴影画法

图7-60 办公桌轴测图阴影

7.3 轴测图阴影

　　轴测图是由平行投影画成的，没有透视灭点，因此如果画平行光线下的阴影，光线也就没有灭点。画法与透视图阴影画法极为相似而更简单些。图7-59是一沙发形体，在轴测图前画出了光线的方向 G 包括其在水平面上的投影方向 g，这样可运用前面所叙述的规律方法画出沙发形体的阴影。图7-60是某一办公桌轴测图的阴影画法。图7-60（b）较详细地画出角上 L 板的落影求法。其中 AB 阴线在长侧边厚度平面上的一小段影线是这样求的，过 A 作 g 方向直线与侧边交于 D 点，由此向下作垂线，与过 A 光线方向 G 交于 $(\mathring{A})$，此为 A 点在该面的虚影（相当于该面向下延展后得出的影点）。B 为交点影子即其本身，连 $B(\mathring{A})$ 在厚度平面上一段即为所求。其余影线求法可见图中分析。

　　轴测图阴影应用在画室内包括室外环境的轴测表现图中较多。由于画上阴影将使室内及室外环境轴测图更为明显地增强光线的视觉效果。图7-61画了一个局部的例子。其中包括窗台、门、台阶、室内家具等。光线方向是视阴影需要自行确定。画阴影时只要仔细确定阴线和承影面位置逐一求出。

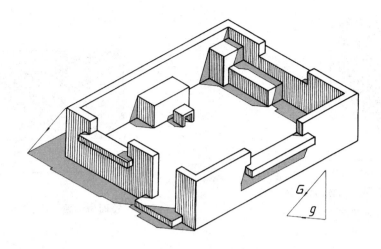

图 7-61 室内轴测图阴影举例

7.4 虚像和倒影

镜中虚像和水中倒影都是由于光线的入射与反射原理形成的。镜中虚像实际上是以镜面即反射面为对称面，出现的家具或其他物品的对称形象。如果室内地板光亮，也将如反射面一样，可出现对称的虚像，那就是倒影，这在家具透视图中也常有应用。

7.4.1 镜面为铅垂面位置时虚像的画法

先看图 7-62，镜面为铅垂面且垂直于画面（相当于侧平面），现要求画镜前直线 Aa 的镜中虚像。首先自 A 向镜面作垂线，现为平行透视，这条垂线将是平行于画面的水平线，虚像应在此垂线上。第二步找出垂足 A_0，即此垂线与对称面镜面的交点，可从次透视 a 作镜面次透视的垂线，相交于 a_0，由 a_0 向上作垂线求得 A_0，a_0A_0 为对称轴线。因为虚像与实物对称于镜面，也就是 $\overline{A}\,\overline{a}$ 和 Aa 对称于 A_0a_0，即应使 $\overline{A}A_0$ 长等于 AA_0 长，现垂线正为画面平行线，可直接量等长，即求出 $\overline{A}$ 虚像。

当镜面 J 为画面平行面时，如图 7-63 所示，自 A 向镜面作垂线，此垂线就垂直于画面，一点透视中即应通过灭点 M。因此，可由 A 及其次透视 a 与 M 灭点连线，与上例相同求出垂足 A_0，要使垂足两边的实际距离相等，这里不能直接度量，可通过对角线取中点方法，在对称轴 A_0a_0 上取中点 K，连 AK 并延长与 aa_0 延长线交于 $\overline{a}$，即为次透视 a 的虚像，由 $\overline{a}$ 向上作垂线交 AA_0 延长线于 $\overline{A}$，即为所求。可见 $\overline{A}$ 为 A 的虚像，$\overline{A}\,\overline{a}$ 就是 Aa 铅垂杆件的虚像。

如为两点透视，一般两个灭点是两组相互垂直的平行线的灭点，这样要画与镜面的垂线只要利用与镜面方向垂直的另一灭点即可。如图 7-64，铅垂位置的镜面，镜面水平线的灭点在右方视平线上，故 A 连另一方向灭点即作出垂线的透视，其余做法同上不再赘述。

图 7-65、图 7-66、图 7-67 是应用实例，作图方法读者可从图中保留的作图线自行分析。

· 150 ·　7　阴影与虚像

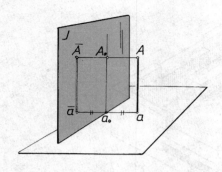

图 7-62　镜面为铅垂面位置时虚像的求法

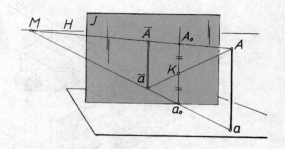

图 7-63　镜面为画面平行面时虚像的求法

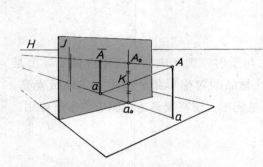

图 7-64　两点透视中镜面为铅垂面时虚像画法

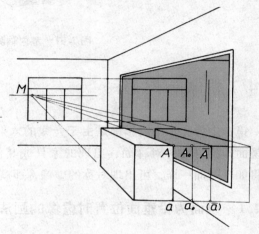

图 7-65　镜中虚像做法实例一

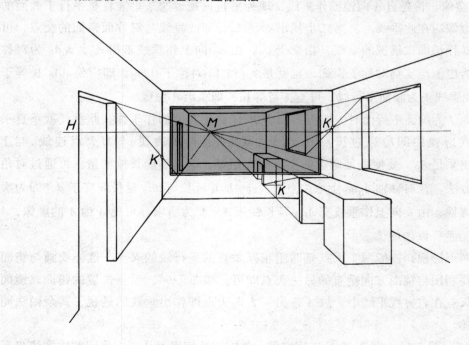

图 7-66　镜中虚像做法实例二

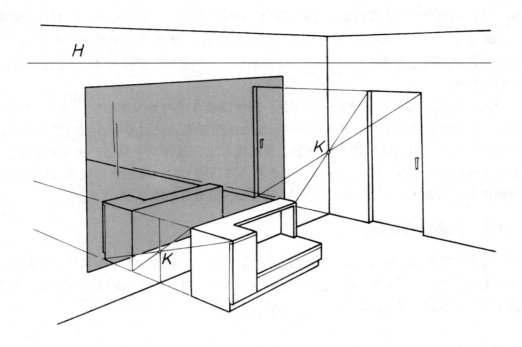

图 7-67　镜中虚像做法实例三

7.4.2　镜面与地面倾斜时虚像的画法

作虚像的原理仍然是向镜面作垂线，求垂足找出对称位置即成。现镜面与地平面倾斜，如图 7-68 所示，但镜面仍保持与画面垂直，求铅垂杆件 Aa 的虚像。由 A 和 a 分别向镜面作垂线，这两垂线现在是画面平行线，由这两条垂线组成一辅助平面也就是为画面平行面，此画面平行面与地平面的交线 aa_0 就一定是一水平线平行于基线。画面平行面与镜面的交线 a_0A_1 即为对称轴，就是与镜面相同倾斜的直线。画面平行面无透视变形，所以可直接画垂线和求出垂足 A_1，量等长距离 $\overline{AA_1} = A_1A$，从而求得 $\overline{A}$。同样求出 a 的虚像 $\overline{a}$，连 $\overline{Aa}$ 即为 Aa 的虚像。由上可见，当镜面倾斜于地面时，先要作出垂线与镜面的交线对称

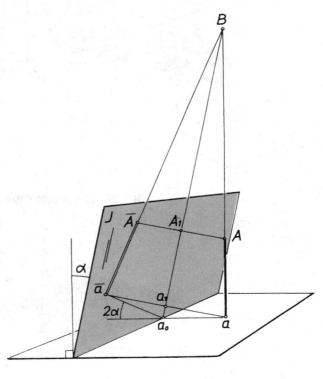

图 7-68　镜面倾斜时虚像画法

轴，然后找出垂足量长度得虚像。对称轴还可这样画出，如图 7-68 中，自 a_0 作斜线与 aa_0 成 2α 角，α 是镜面与墙面的夹角。二等分 $\angle aa_0\overline{a}$，等分线 a_0B 即为对称轴线。可看出镜外镜内两三角形 $\triangle Baa_0 = \triangle B\,\overline{aa_0}$ 形状对称，显然这时铅垂杆 Aa 的虚像 $\overline{A}\,\overline{a}$ 就不是铅垂位置了。

图 7-69 是镜面倾斜时虚像作图实例。图中因镜面未与地平面相交，求 AB 的虚像时，对称轴可这样求作，由 B 画水平线与墙根线交于 C 点，过 C 作垂线与镜面底线相交于 D，由 D 作镜面斜线即为对称轴，当然也可求出镜面向下延伸与地平面相交处，如在正面墙上的 2 点，再由 2 画出 C 处的点，正面墙上门和墙根线的虚像对称轴就由镜面扩大至正面墙，与正面墙的交线 21 及延长线即为对称轴。

7.4.3 地面倒影的画法

地面倒影的画法原理与上述虚像做法完全相同，反射面为水平面而已。因此作垂线就更为方便，如图 7-70 所示，直接作垂线，找出垂足，即 A 点的次透视，由于铅垂线平行于画面，所以直接量 $\overline{A}a = Aa$，即求出 A 的倒影 $\overline{A}$。

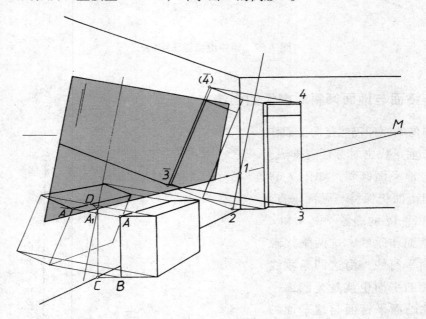

图 7-69　镜面倾斜时虚像画法实例

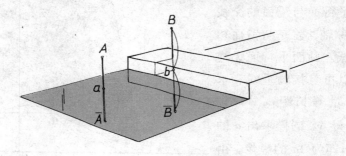

图 7-70　倒影求法

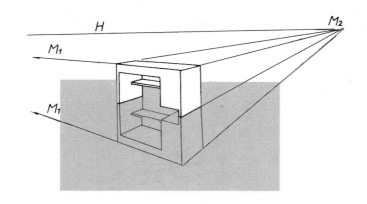

图 7-71　倒影实例

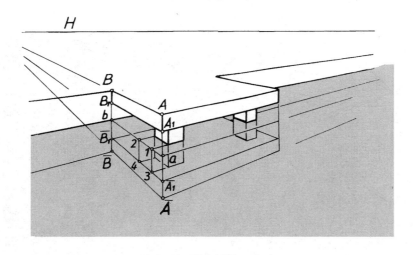

图 7-72　岸边倒影画法

这里要注意的是，往往直线的垂足不一定就在水面上。因此常常要透过在水面上的立体高度求出直线与水面的实际交点对称点。如图 7-70 中 b 点的求得，要量 $\overline{Bb}=Bb$ 才得出正确的倒影 $\overline{B}$。

图 7-71 是一倒影实例，可见是对称于地平面。

图 7-72 是岸边突出在水面上的构筑物倒影求法。这里首先要画出相当于该部分立体在水面上的投影，即为对称部分，这样就可由此上下度量相等部分求出 $\overline{A}\,\overline{A_1}$。至于水中立柱因浮出水面部分全长在图中看不到而难以直接量出，这时可从柱棱线水平方向作辅助线交于 ab 线上 1、2 两点，再作垂线与 $\overline{A_1}\,\overline{B_1}$ 相交于 3、4 两点，由此返回得水中立柱与构筑平板底面的交线。

以上所求直线的倒影，直线都与反射面成垂直或平行，如果直线与反射面如水面倾斜，则要注意灭点的变动，如图 7-73 所示。首先岸边斜堤各斜线的灭点为 M_5，而其倒影的灭点却是 M_6，其中 $M_5M_2 = M_2M_6$。岸上构筑物屋顶 BC 灭点为 M_3，而其倒影 $\overline{B}\,\overline{C}$ 灭点为 M_4。如要先求出 A 点倒影，可按图先找出反射面上点 a，再量取 $\overline{Aa}=aA$。

无论是画透视图中的阴影，还是镜中虚像和水中倒影，目的都是为使家具包括环境透视图更为生动、逼真。所以，我们要在学会正确求作方法基础上，综合运用其他知识与技能，从丰富表现出发，使阴影和虚像在效果图中充分发挥其作用。

· **154** · 7 阴影与虚像

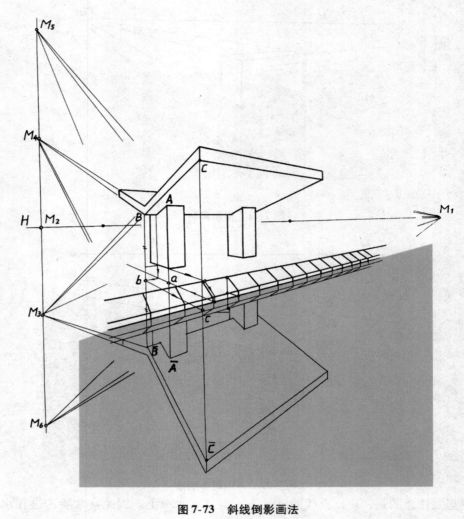

图 7-73 斜线倒影画法

8 家具图样图形的表达方法

无论何种家具图样，其主要内容总是图形，用图形表达家具，以及家具中的零部件，包括外形与结构，以适应设计特别是制造和检验的需要。由此可见，我们画家具图样首先要明确所画图样的功能，以及采用各种表达方法绘制图样。例如为了表达外观造型只需要画外形视图，而外形视图要画几个还要根据具体情况来定。在完整表达清楚的前提下，还要求能提高制图效率，不要画多余的、可以不画的视图。再如要表达家具内部结构，就需要用剖视的方法去画等等。《家具制图》标准规定了一系列的表达方法，其中包括视图、剖视、剖面等画法以及标注方法，本章按标准介绍这方面的内容，以及如何在实际中应用。

8.1 视 图

8.1.1 基本视图

《家具制图》标准规定视图的画法采用正投影第一角画法，即观察者—家具—投影面。已如前面指出的，在 3 个投影面体系中得到 3 个视图——主视图、俯视图和左视图。这 3 个视图的位置是固定的，而且有着相互的投影联系和等量关系。

在原有的 3 个投影面的相对方向再设一个投影面，将家具按相反方向进行投影，又将得到另外 3 个视图，即后视图、右视图和仰视图。如图 8-1 所示，展开投影面后，各个视图的位置如图 8-2。这 6 个视图统称为基本视图。

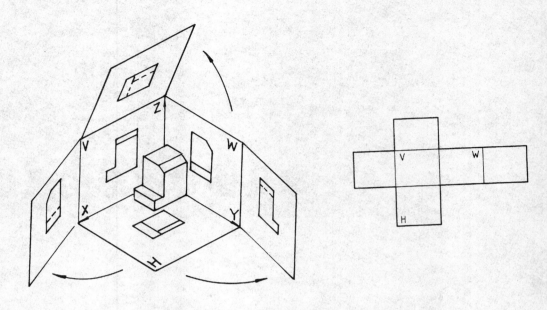

图 8-1　6 个基本视图的由来与投影面展开图

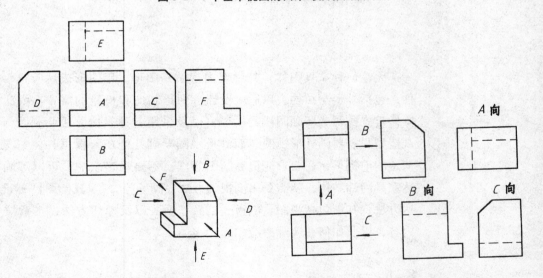

图 8-2　6 个基本视图及其排列位置　　　　图 8-3　视图位置变动要加标注

  在同一张图纸上，6 个基本视图的位置不能任意挪动，应按图 8-2 规定位置布置，且保持投影关系。这样不需要写出视图的名称，也不需要作任何标注。但若确因需要基本视图位置有变动，或不在同一张图纸上时，除主视图外，均要在图形上方写明视图名称，如图 8-3。图 8-4 是一讲台的外形图，除了主视图、俯视图、左视图 3 个基本视图外，还加了一个后视图，由此可见，视图数量的多少要看所表达的物体的需要而定。既不是都要画满 3 个基本视图，也不是越多越好。如图 8-5 就是用一个视图表达一个零件的例子。每一个视图都应有其表达的特定内容，而不是其他视图所能代替的。

  从图 8-4 还可以看出，由于后视图画在规定的位置，即在左视图的右边，所以可以不加标注。

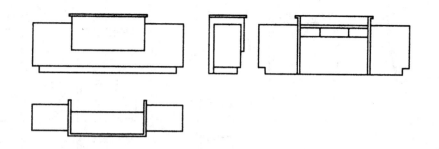

图 8-4　用 4 个基本视图表达的家具

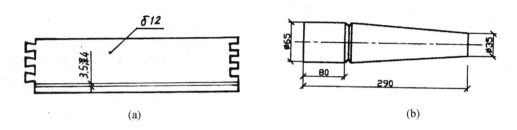

图 8-5　用一个视图即能表达的家具零件

（a）抽屉旁板　（b）柜脚

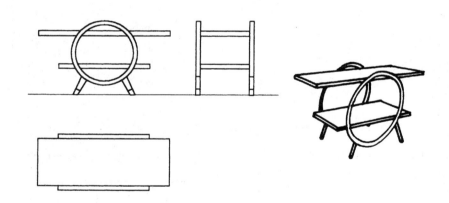

图 8-6　主视图的选择要考虑反映形状特征

　　6 个基本视图中主视图是最重要的。在各个基本视图中，主视图要求能反映所画对象的主要形状特征。这对于看图和按图加工制作都十分重要，因此在画图时必须注意选好主视图。对于家具来说，一般都是以家具的正面作为主视投影方向。但是也有一些家具例外，如椅子、沙发等最为典型，常把侧面作为主视图投影方向。因为侧面反映了椅子、沙发的主要结构内容，尤其涉及功能的一些角度、曲线在侧面反映最清楚，是其他方向不能代替的，因此应把侧面作为主视图方向，再配以其他视图以全面完整地表达各个部分结构及形状。这一类例子在家具中还有，所以要注意选择反映形状特征，而不是一定以家具正面作为主视图。

　　图 8-6 所示一茶几，图 8-7 所示一椅子，都画了 3 个基本视图，读者可仔细比较一下，领会主视图的选择原则。

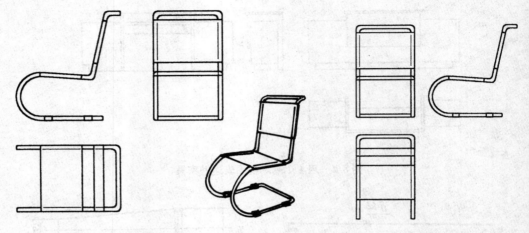

图 8-7 主视图不一定是家具正面　　　　图 8-8 椅子视图错误画法举例

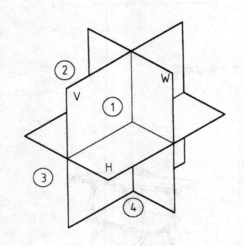 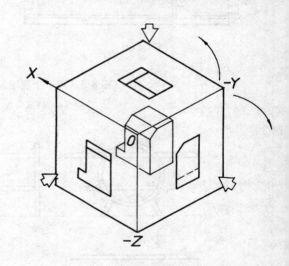

图 8-9 第三角空间位置　　　　图 8-10 第三角画法的投影方法

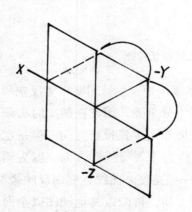 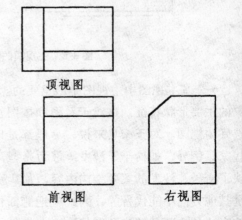

图 8-11 第三角投影面的展开　　　　图 8-12 第三角画法三视图的位置和名称

当画椅子时，最常见的错误画法如图 8-8 所示，除主视图选择不当外，左视图位置画了右视图。这种错误的根源是混淆了第一角和第三角的不同画法和视图配置位置。

第三角画法是另一种画法，它将物体置于第三角位置，如图 8-9 中③处，投影体系是观察者—投影面—物体，例如图 8-10 所示，三投影面的展开方法是按图 8-11 那样，结果 3 个基本视图的位置应为图 8-12 所示。相应的视图名称也不同，分别为前视图、顶视图和右视图。可见图 8-8 若以第三角的画法论，则俯视图的位置错误。而我们画图必须按照我国的制图标准来画，即采用第一角的画法。

8.1.2 斜视图和局部视图

1. 斜视图

当家具中某些表面为垂直面时，在基本视图上就不能反映表面的实际形状，如图 8-13 所示。沙发靠背无论在俯视图或左视图中都有变形，要画出其实际形状，就要用斜视图的表达方法，图中 A 向即为斜视图，是靠背的实际形状，它的画法原理如图 8-14，引进一个新投影面 H_1，也为正垂面，并且与要画的平面平行，在图 8-13 中，主视图上用箭头注出投影方向并标以字母 A（水平书写），这样在新投影面上的投影就可以反映实形了。实形中原 Y 轴方向的尺寸仍不变，斜视图与原来基本视图的尺寸关系可见图 8-15 所示。

这样，即画出了靠背的真实形状，左视图实际上就可以省略不画。当然，如果尚有其他结构时，左视图仍要画出，但变了形的靠背图形不能起反映形状的作用，只起了表达该结构的位置作用而已。

图 8-16 是说明对于曲线形斜视图的画法，为了画图方便，斜视图也可以放在如图 8-16 所示位置。如为不规则的对称曲线，就可以利用对称先画出对称中心线，然后适当地取一些曲线上的点按 Y 方向尺寸一一量出，最后画出斜视图。实际应用时，还常常用已知斜视图的真实形状来校正基本视图是否画得正确。

对于具有一般位置杆件的家具，为了表达杆件的实际长度以及相互之间的实际夹角，斜视图更是必不可少。如图 8-17 所示一茶几，要注意标注方法，同一图上如出现两个或两个以上的斜视图时，图名应依次选用汉语拼音字母，如 A 向、B 向、……。特别是字母的写法，无论图形因投影关系怎样倾斜，字母总是水平书写。

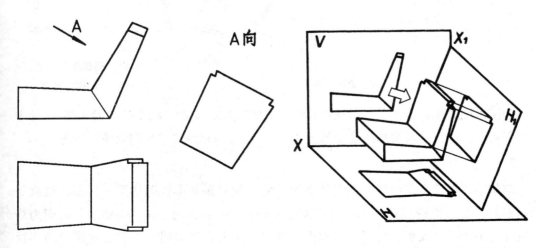

图 8-13 斜视图　　　　　　图 8-14 斜视图投影原理直观图

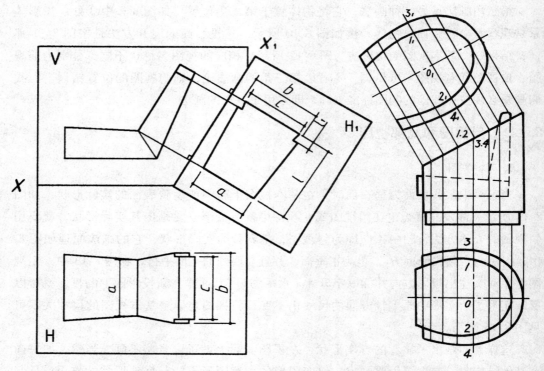

图 8-15 斜视图与基本视图的尺寸关系

图 8-16 曲线形斜视图的画法举例

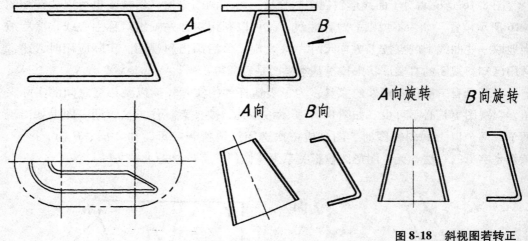

图 8-17 斜视图应用实例

图 8-18 斜视图若转正要加注"旋转"两字

为了画图方便，也可以将斜视图旋转一个角度放正来画，如图 8-18 就是图 8-17 中两个斜视图，不过这时要加注"旋转"两字，如"A 向旋转""B 向旋转"等等。

2. 局部视图

与基本视图投影方向相同，但从表达需要出发只画基本视图的某一局部，这就是局部视图，如图 8-19 所举一例。带箭头的 A 即表示投影方向，在其旁画的 A 向即为局部视图。由于图形较小，也可将图画得比基本视图大，如图用了 1:2 的比例。局部视图中其他不需要表达的部分可用折断线断开以画出一个局部范围，当要表达的形状为封闭图形时，可省去折断线，如图 8-19 所示。在结构装配图中，要表示某一拉手的结构形状，常常用局部视图的表达方法。局部视图和斜视图一样，视图的位置可以灵活安排，但尽可能靠近所要表达的部位，以便于看图。

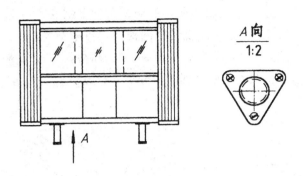

图 8-19　局部视图

8.2　剖视图

在三视图中，画家具或产品的轮廓线用实线，内部结构看不见的轮廓线画成虚线，当形体的内部结构比较复杂或被遮挡的部分较多时，图纸上的虚线混杂不清，给看图增加了困难。解决这个问题的办法是，假想用一个剖切平面将形体剖切开，然后移去剖切平面与观察者之间的部分，将留下的部分投影到与剖切平面平行的投影面上，所得的图形称为剖视图。

如图 8-20 所示，假想用一个正平面 AA 剖开某家具零件，将前面部分移开后画出的主视图即为剖视图。从图中可以看清零件内部榫孔的深度和宽度。同时在被剖切的表面实体部分画上了剖面符号，以区分剖切表面和剖不到的后面的空间关系，以及材料的类别，如图 8-20 中是木材的剖面符号。

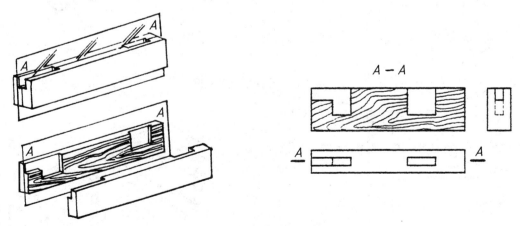

图 8-20　剖视图的由来

剖视图中剖切位置的选择，绝大部分是平行面，以使剖视图中的剖面形状反映实形。对于回转体之类形体一般都要通过轴线，如图 8-21 所示。主视图为剖视图，显示了中间大小圆孔的直径。图中还用箭头指出了初学者常易遗漏的线条。

剖视图又分全剖视、半剖视、局部剖视、旋转剖视和阶梯剖视。

8.2.1 全剖视

用一个剖切面完全地剖开家具后所得的剖视图称全剖视图。剖切面一般是正平面、水平面和侧平面。图 8-21 的主视图就是全剖视图。再来看 8-22 为一个框架的剖视图，俯视图为 A—A 全剖视图，由水平剖切平面 AA 剖切而得；左视图是用 BB 侧平面剖切面剖切而得的 B—B 全剖视图。图中剖到的部分是木材方料的横断面，用一对细实线对角线表示。

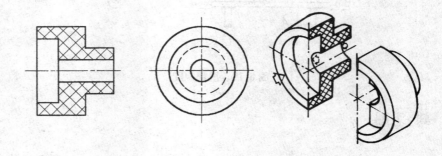

图 8-21　剖切面的选择和易遗漏的线条

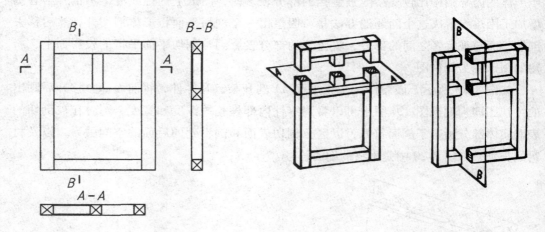

图 8-22　框架的全剖视图

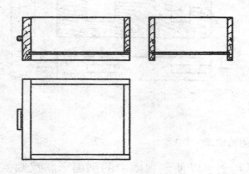

图 8-23　省略标注的抽屉剖视图

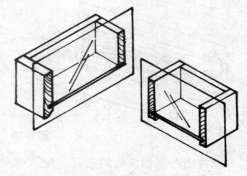

图 8-24　抽屉剖视的直观图

剖视图的表示方法是用两段粗实线表示剖切符号（长 6~8mm），标明剖切面位置，剖切符号尽量不与轮廓线相交。当剖视图不是画在相应的基本视图位置时，还要在剖切符号两端作一垂直短粗实线（长 4~6mm）以示投影方向。剖切符号两端和相应的剖视图图名用同样的字母标注。

图 8-23、图 8-24 是一个抽屉的全剖视图，其中主视图和左视图被全部剖开，俯视图表达外形。这时剖切面的位置清楚明确，允许省略剖切符号，包括字母的标注。因为剖切位置不会有第二种情况。主视图肯定是在抽屉纵向中间剖切，而左视图在抽屉的中间任何地方切，剖视图都是相同的，不会引起混乱，所以可以省略标注。

8.2.2 半剖视

当家具或其零、部件对称（或基本对称）时，在垂直于对称面的投影面上的投影，可以中心线为分界线，一半画成剖视图，另一半画外形视图。这样的视图叫半剖视。如图 8-25 中的左视图就是半剖视图。

半剖视图利用所画对象的对称性，一个视图既反映了内部结构形状，同时也画出了外形，简化了视图，达到了事半功倍的效果。

半剖视图的标注方法与全剖视图相同，不要以为只剖切一半，将剖切符号画到中间去，剖切符号仍与全剖视一样横贯图形，以表示剖切面位置。标注的省略条件与全剖视相同，图 8-26 为一个茶几，主视图用半剖视，省略了标注。

半剖视的剖切位置要注意，一般切在对称面或靠近中部，不要贴近两个不同形状结构的交界处，图 8-27 中方凳的主视图、左视图都是半剖视，剖切符号省略，因为剖切位置清楚，不会造成误会，但俯视图的半剖视却是一种特殊情况，由于剖切平面的高低不同，剖视的结果也不同，所以标注了剖切符号。由于需要，A—A 剖切平面是沿着凳面和脚架的接缝处剖切的，这样是允许的，不过剖视图上就不画剖面符号了，因为没有切到零件。

当被剖切掉的部分形体的形状仍需要表示时，可用假想轮廓线双点画线画出，如图 8-27 中的俯视图。

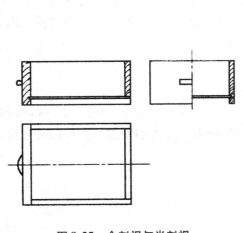

图 8-25 全剖视与半剖视

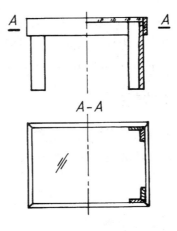

图 8-26 半剖视剖切符号的标注

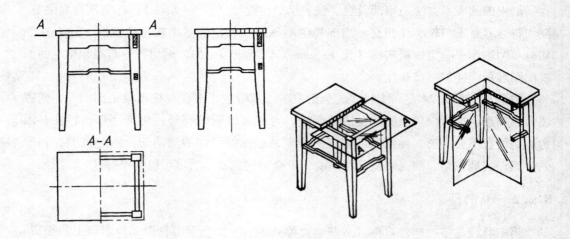

图 8-27 方 凳

8.2.3 局部剖视

用剖切平面局部的剖开家具或其零、部件得到的剖视图就是局部剖视。局部剖视用波浪线与未剖部分分界。图 8-28 是抽屉的一个视图,用局部剖视表示了抽屉底板与面板、后板的装配关系。这样既保留了外形,又反映了每块板之间的榫结合的形式。局部剖视图一般不加标注。

图 8-28 局部视图

8.2.4 阶梯剖视

由两个或两个以上相互平行的剖切平面,剖开家具或其零、部件所得到的剖视图是阶梯剖视。如图 8-29 所画柜子的俯视图,为了同时表达上部搁板和下部小柜的内部结构,用了两个不同高度的水平剖切平面 A—A,在每个剖切符号处都要写上相同的字母。

图 8-29 中的主视图,由于是左右对称,而中间恰为门缝,画半剖视应以中心线为界,不能以实线为界,因此这里剖视的方法也可以作为局部剖视的一种特例。因为分界线很长,不适宜用波浪线,而改用双折线表示。

8.2.5 旋转剖视

当两个剖切平面呈相交位置时,需要通过旋转使之处于同一平面内,这样得到的剖视图称为旋转剖视,如图 8-30 中的主视图即画成了旋转剖视图。在剖切符号转折处也要写上字母。

8.3 剖面符号

当家具或其零、部件画成剖视图或剖面图时,假想被切到的部分一般要画出剖面

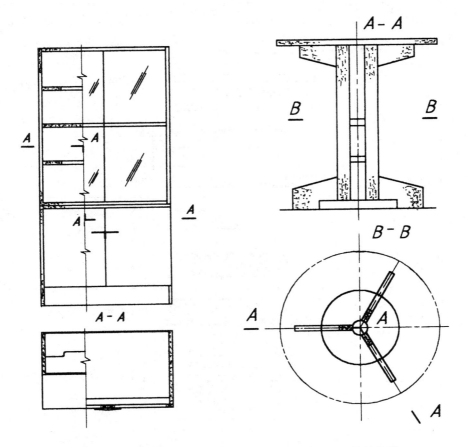

图 8-29 阶梯剖视（俯视图）　　　图 8-30 旋转剖视

符号，以表示剖面的形状范围以及零件的材料类别。《家具制图》标准规定各种材料的剖面符号规定画法见表 8-1 所示，剖面符号内所用线型基本上是细实线。

表 8-1　家具材料的剖面符号规定画法

序号	名　称	图　例	说　明
1	木材方材的横断面		3 种方法都可以用，但同一幅图形上要统一画法
2	木材板材的横断面		1、2 两种的年轮线都用徒手画出
3	木材纵向剖切面		若因木材纵向剖面符号影响图面清晰时，允许省略不画
4	胶合板的剖面		2 种画法均可，其中斜线都与水平线呈 30°倾斜，一般画成 3 层，再注明总厚度和层数
5	基本视图上的胶合板		因图形比例胶合板厚度较小时，剖面符号可以省略不画
6	细木工板的横断面		上下 2 条细线，中间每格接近正方形，代表内部的小木条

(续)

序号	名称	图例	说明
7	细木工板的纵剖面		纵剖时矩形比例大约为1:3
8	基本视图上的细木工板	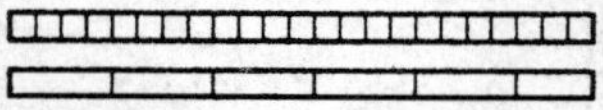	图形比例较小时的画法，即免画覆面板
9	覆面刨花板剖面		中间为短横加点，徒手绘制
10	基本视图上的覆面刨花板		基本视图上覆面刨花板表面单板线省略不画
11	纤维板剖面		中间用点表示
12	金属材料剖面		用45°细实线表示，当剖面图形厚度小于2mm时，涂黑表示
13	塑料、有机玻璃、橡胶		用45°斜方格表示。
14	软质填充材料：泡沫、棉花、织物等		用45°斜方格中加点表示
15	空心板的剖面	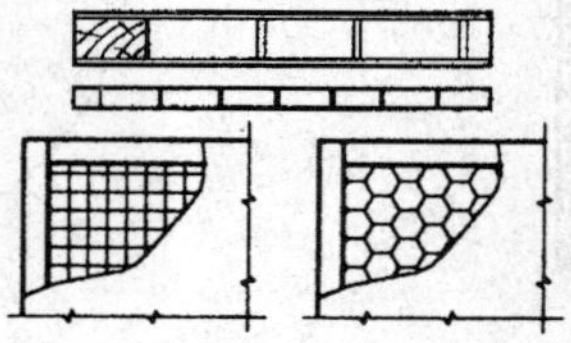	空心板中的内部结构也可用局部视图的方法表示
16	玻璃的图例及剖面	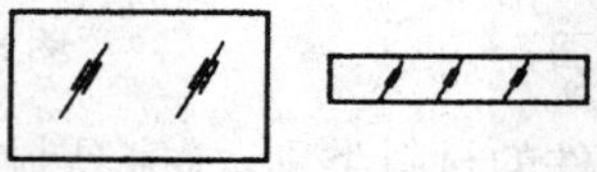	3条不同长度的细实线，与轮廓线呈30°或60°倾斜
17	镜子的图例及剖面	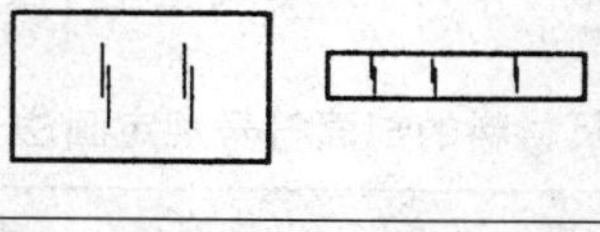	2条细线为一组，与主轮廓线呈90°，注意不要与主轮廓线接触，以免与基本视图上空心板混淆
18	纱网的图例及剖面	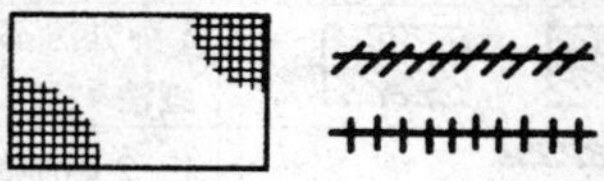	包括金属和其他材料的纱网。图示2种画法均可
19	竹编、藤织图例及剖面	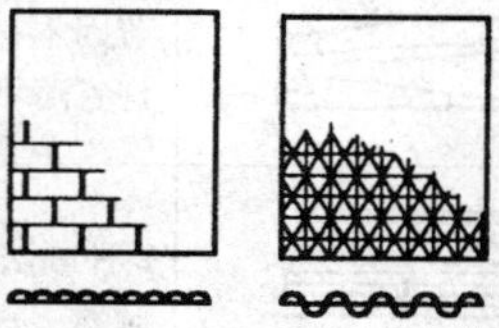	上面是图例，下面是剖面符号
20	弹簧的示意画法	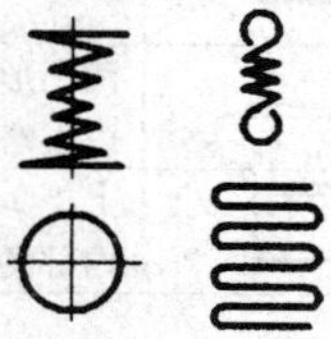	

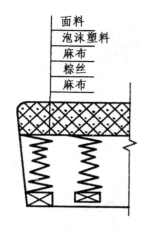

图 8-31 用文字注明软质材料名称

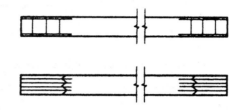

图 8-32 剖面符号的省略画法

软体家具图样上材料名称还可以用文字依次注明，如图 8-31。当剖面面积较大时，剖面符号可以只画一部分，如图 8-32，一般画在图的两端。

8.4 剖 面

家具的许多曲线造型的腿和拉手，仅仅画出外形图有时无法说明其实际的形状，需要用一个假想的剖切平面将家具的某一部分切开，只画出剖切表面的形状，这样的图形称为剖面。

剖面按其图形的位置分为移出剖面和重合剖面。

1. 移出剖面

图 8-33 中，在桌腿的上部和下部都用一垂直于轴线的剖切平面剖切桌腿，将剖面旋转 90°移到轮廓线外画出。剖切位置用点画线表示，可以不画剖切符号和字母。轮廓线是实线。

2. 重合剖面

图 8-34 中，这是一个拉手的两个视图，中间与两边都画出了其剖面形状，经旋转 90°后画在轮廓线内部。要注意重合剖面的轮廓线是用细实线画出的，与移出剖面有所区别。

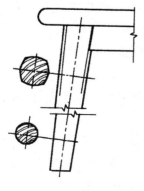

图 8-33 移出剖面

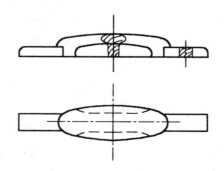

图 8-34 重合剖面

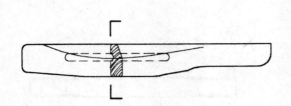
图 8-35 剖面不对称要标出剖面符号

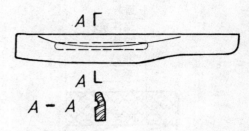
图 8-36 不对称移出剖面的标注方法

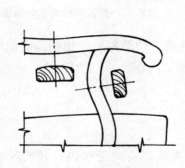
图 8-37 剖切平面应取法线方向

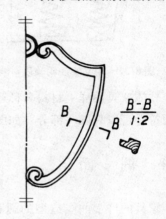
图 8-38 不对称移出剖面选用不同比例的例子

上面两例，无论是移出剖面还是重合剖面，其剖面形状如是对称的，剖面旋转或投影方向的不同不影响剖面的形状，因此不需要标注任何符号。如果剖面不对称，就要在标注剖切符号的同时还要标出投影方向，用一个垂直于剖切符号的短粗实线表示，如图 8-35。如果这一部分的横断面形状画成移出剖面，除了要标出剖切符号和投影方向外，还要写出字母（图 8-36）。剖面所显示的形状应能如实反映零件的真实断面，一般都是垂直于轴线或主要棱线，如上面例图所见。对于曲线形的零件则应该取法线方向。如图 8-37 中两个移出剖面就是一例。

移出剖面当需要时，可以采取与原视图不同的比例画出，但要标出比例，如图 8-38 所示。图中剖切符号都处于倾斜位置，注意字母仍然水平书写。

对于一个形状复杂的零件，常常要用一系列的剖面才能表示清楚各个部分断面形状，如图 8-39 所示一扶手。这时剖切位置要注意安排，一般应首先在一些特殊位置，如最大处、最小处、转折处，如不够，再用相同距离增补若干剖面。如图中离左端 180mm 定一个剖面外，再以距离 90mm 连作 3 个重合剖面。而且同一图中，如果剖面不对称，投影方向应取一致。

图 8-40 是重合剖面在家具表面雕饰中的例子，这时常常只画出前表面的凸凹图形，后面省略，不画轮廓线。

上述剖切面都是采用平面，对于个别家具中某些结构形状还需要另一种剖切面，这就是柱面剖切面，如图 8-41 中 AA。画柱面剖切得到的剖面显然要使柱面展开成平面，因此剖面图是展开后的剖面图形。它的图名除 A—A 外，还应在下面写上"展开"二字，中间以细横线分开。

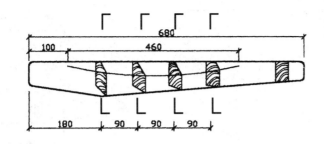

图 8-39 重合剖面的实际应用

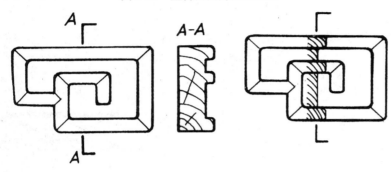

图 8-40 移出剖面与重合剖面

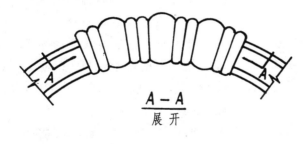

图 8-41 柱面剖切

8.5 局部详图

  由于家具尺寸相对于图纸来说一般都要大得多，表示家具整体结构的基本视图，必然要采用一定的缩小比例，避免因画得过大给看图、画图、图样管理都造成不便。但是对于家具的结合部分，一些显示装配连接关系的部分，却因缩小了比例在基本视图上无法画清楚或因线条过密而不清晰。为解决这一矛盾，就采用画局部详图的方法表达，即把基本视图中要详细表达的某些局部，用比基本视图大的比例，如采用 1:2 或 1:1 的比例画出，其余不必要详细表达的部分用折断线断开，这就是局部详图。如图 8-42。

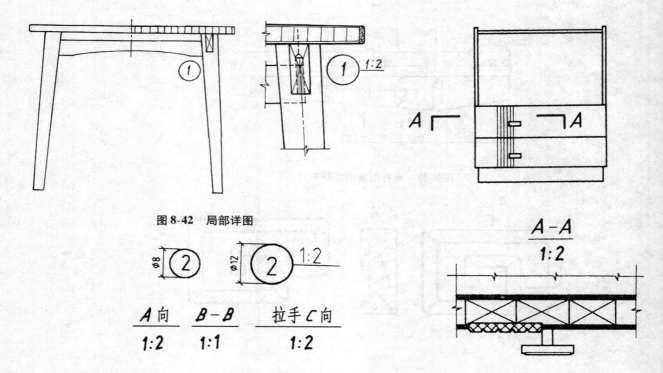

图 8-42　局部详图

图 8-43　局部详图的标注

图 8-44　局部剖视画成详图形式

因为家具结构的特点，局部详图在家具结构装配图中用得非常广泛。图中局部详图往往不止一个，特别是属于一个基本视图上，总有几个局部详图要画，要注意使各详图之间有一定投影关系，即与基本视图上的位置相当，以便于看图。不要随便安排详图的位置。每个局部详图的边缘断开部分画的双折线，一般应画成水平和垂直方向，并略超出轮廓线外 2~3mm。空隙处不要画双折线。

局部详图的标注方法如图 8-43。要在基本视图上准备画局部详图的附近标注代号，一个直径为 8mm 的实线圆，中间写上数字，作为详图的索引标志。在相应的局部详图的附近画上一个直径为 12mm 的粗实线圆，中间写相应的数字以便查找。粗实线圆外右侧中画一水平细实线，上面写局部详图采用的比例。这就是局部详图的图名标注规定。

局部详图的可见轮廓线要用粗实线画出，与基本视图可见轮廓线用实线画出不同。

局部详图画法一般与基本视图上某局部完全相同。如都画成剖视或都是外形。但由于基本视图图形小，细节部分往往不画，画了反而影响图面清晰，而依靠局部详图画全结构，如图 8-42 中，桌面的封边结构、望板的断面形状、榫结合的形式等都是基本视图中因比例小而被省略了。

必要时，局部详图还可采用多种形式出现，如基本视图某局部处是外形，局部详图可以画成剖视。此外，甚至基本视图上没有，也可以画出其局部详图，这就是以局部剖视形式出现的详图，如图 8-44 所示，画图时要注意必须标出详图所用比例。

8.6 常用连接方式的规定画法

家具是由一定的零件、部件连接装配而成的。连接方式有固定的,也有可拆卸的。例如胶结合、榫结合、圆钉结合、金属零件的焊接、铆接等,这些是固定式结合;可拆卸的连接则大量应用螺纹连接件,还有如木螺钉、倒刺、胀管等介于这两者之间的连接。总之,连接的方式,应用什么连接件,对于家具的造型、功能、结构、家具的生产率都有着十分重要的意义。特别是结构的变化必须有相应的连接方式的配合,而近代高效生产率制造的家具更是离不开合理的连接方式。同时对于传统家具的连接方式,至今仍有着相当的使用范围,我们也必须进行研究和探讨。

《家具制图》标准对一些常用的连接方式,如榫结合、螺钉、圆钉、螺栓等连接方式的画法都作了规定。近年来,新连接件不断出新,为了提高制图效率,缩短设计周期,必然对普遍使用的连接件画法进行研究,规范整理,成为大家遵循的标准画法。

8.6.1 榫结合

榫结合是指榫头嵌入榫眼的一种连接方式。其中榫头可以是零件本身的一部分,也可以单独制作,如圆榫,这时相连接的两零件都只打眼(即打榫孔)。榫结合有多种多样,基本有 3 种类型,如图 8-45 所示。图中从左至右依次是直角榫、燕尾榫和圆榫的投影图和直观图。

榫结合是家具结构中应用极为广泛的不可拆连接。它的画法《家具制图》标准有特殊的规定,即表示榫头横断面的图形上,无论剖视或是外形视图榫头横断面均需涂成淡灰色,以示榫头端面形状、类型和大小。也可用一组平行细实线代替涂色,细实线数不少于 3 条,如图 8-46 中 A—A 所示。画榫结合时,木材剖面符号尽可能用相交细实线,不用纹理表示,以保持图形清晰。

当用可拆连接如木销定位时,要注意与圆榫的区别,如图 8-47。木销画木材横断面剖面符号,垂直相交两细实线与零件主要轮廓线成 45°倾斜。而圆榫则按上述榫结合

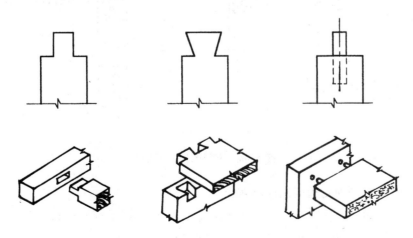

图 8-45　3 种榫结合

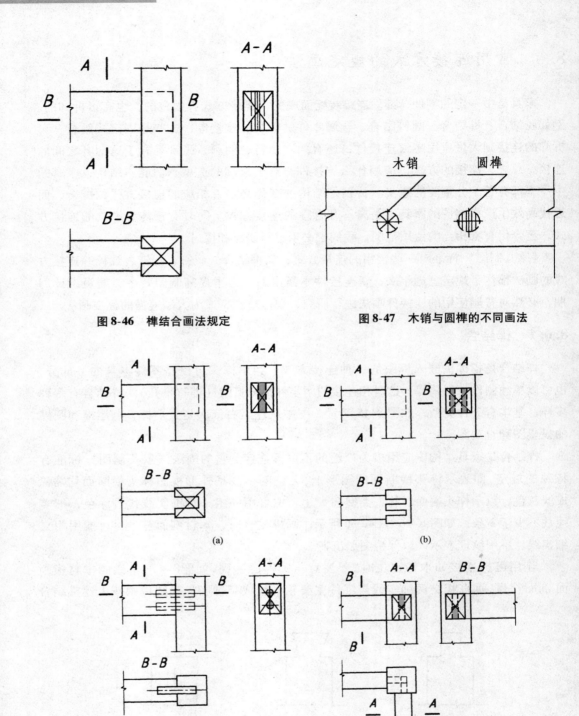

图 8-46 榫结合画法规定

图 8-47 木销与圆榫的不同画法

图 8-48 不同的榫的画法

画法画 3 条以上平行细实线或涂成淡灰色。

图 8-48 中标出了（a）单榫、（b）双榫、（c）圆榫以及榫头有长短时的连接画法，注意榫头有长短时，只涂长榫的端部，如图 8-48（d）的画法。

8.6.2 家具常用连接件的规定画法

家具上一些常用连接件如木螺钉、圆钢钉和镀锌螺栓等，《家具制图》标准都规定了特有的画法。在局部详图或比例较大的图形中，它的画法如图 8-49 所示。

（1）螺栓连接

中间粗虚线表示螺杆，其中与之相垂直的不出头粗短线为螺栓头，另一头的两条粗短线，长的为垫圈，短的为螺母。螺栓头和螺母的画法，分别见图 8-49(a) 中左右两图。

（2）圆钢钉连接

钉头一端是细实线，十字中有一个小黑点，反方向则只画细实线十字以定位 [图 8-49（b）]。全剖的主视图上表示钉头的粗短线画在木材零件轮廓线内部。

（3）木螺钉连接

用 45°粗实线三角形表示沉头木螺钉的钉头，见钉头的左视图为一粗实线十字，相反方向视图是 45°相交两短粗实线。为不至于误解及定位需要，常还画出细十字线 [图 8-49（c）]。

在基本视图上要表示这些连接件位置和数量时，则可以一律用细实线十字和细实线（另一个视图上）表示，必要时再用引出线加文字注明连接件数量名称，如图 8-50 所示。

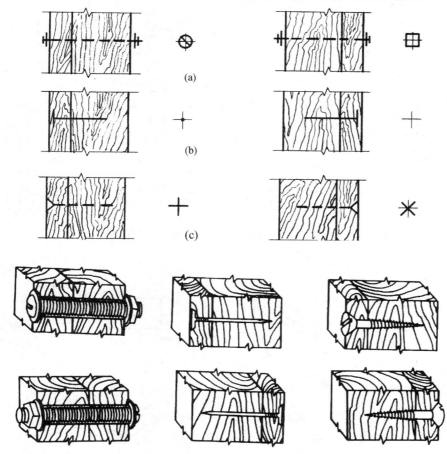

图 8-49 常用连接件的画法

8 家具图样图形的表达方法

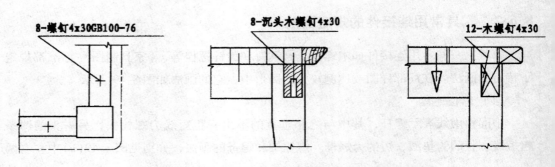

图8-50 常用连接件在基本视图上的表示

8.6.3 家具专用连接件连接的规定画法

家具专用连接件近年来发展迅速，随着板式家具可拆连接和自装配式家具的兴起，家具的专用连接件越来越多。这里介绍的几种可拆连接件画法只是《家具制图》标准中已作出规定画法的少数几种，对于新出现的连接件，其画法可参照标准已有画法的

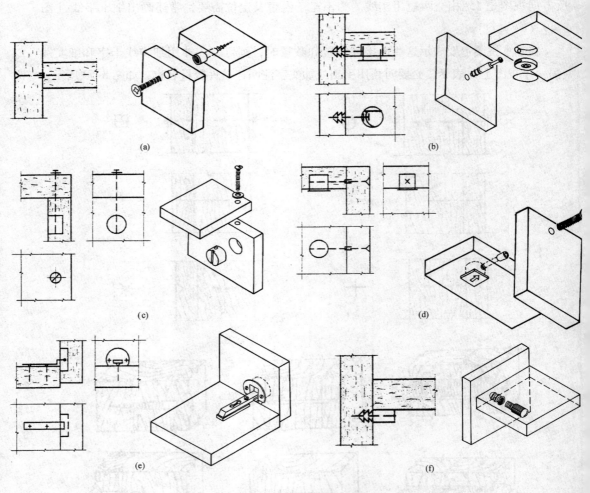

图8-51 家具专用连接件画法

(a) 空芯螺钉连接件　(b) 带塑料盖的偏心连接件　(c) 圆柱型螺母连接件
(d) 对接式连接件　(e) 暗铰链　(f) 搁板固定座

规定简化画出，再附以必要的文字说明。

几种专用连接件连接的画法如图 8-51 所示。

图 8-51 所示都是局部详图中的简化画法。基本视图上画法可参照常用连接件画法规定，即细实线十字再加上引出线文字注明。

对于杯状暗铰链可按图 8-52（a）（b）画法。这里列出了两种，从图中可以看到是外形简化，固定或调节用的螺钉位置要画出。图中右边较小的是在基本视图上的画法。可见到更为简化仅是示意的图，要说明是哪一种，则要引出线加上文字说明型号规格等。画其他各种不同杯状暗铰链时就可按以上简化原则来画。

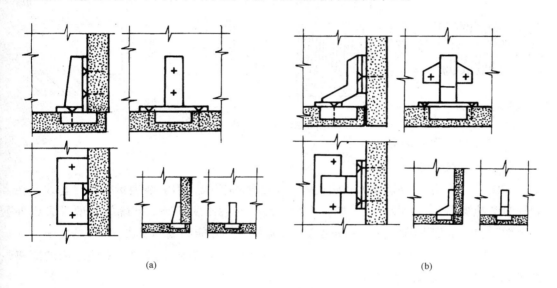

图 8-52　杯状暗铰链

8.6.4　螺纹连接的画法

1. 基本知识

螺纹连接是可拆连接中最为普遍使用的一种连接方式。前面介绍的家具连接件中，螺纹的画法都被简化成粗虚线，这只有在家具制图这一范围内适用。对于设计制造家具连接件，包括拉手、铰链等它们的图纸都是要按国家标准的规定画法来画螺纹件，因此我们应该知道螺纹连接的规定画法。这里先介绍一些有关螺纹的基本知识。

外螺纹——刻在零件外表面的螺纹。如螺钉、螺栓上的螺纹。

内螺纹——刻在零件内表面的螺纹。如螺母、螺孔中的螺纹。

牙顶——螺纹凸起部分的顶端。

牙底——螺纹沟槽的底部。

大径——与外螺纹的牙顶或内螺纹的牙底相重合的假想圆柱面的直径。简言之即螺纹的最大直径。

小径——与外螺纹的牙底或内螺纹的牙顶相重合的假想圆柱面的直径。简言之即螺纹的最小直径。

螺距——螺纹相邻两牙对应点之间的轴向距离。

牙型——在通过螺纹轴线的剖面上得到的轮廓形状。螺纹有多种用途，因此其牙型也不同，用做连接的螺纹其牙型为三角形。

螺纹的最主要的规格尺寸，无论是外螺纹还是内螺纹，都是以螺纹大径尺寸为主。标准螺纹的大径尺寸有一系列规定，小径尺寸都可以根据大径尺寸在一般机械手册中查到。

内外螺纹要求大径、小径、牙型、螺距都相等，才能相互旋合。图 8-53 是内外螺纹的实际图形及图样画法。

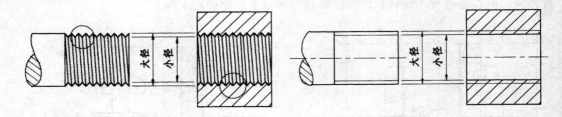

图 8-53　螺纹画法

2. 螺纹的规定画法

（1）外螺纹画法

如图 8-54 所示。外螺纹大径画实线，小径画细实线，用实线表示螺纹终止线。在表现为圆的视图上，大径画实线圆，小径画约 3/4 的细实线圆。外螺纹一般都画成外形视图，包括全剖视图。但若中间是空的如管螺纹等才能画成剖视状。

小径的尺寸是由大径尺寸决定的，一般画图时，常常将实线和细实线之间的距离画成 1mm 左右，以简化作图。

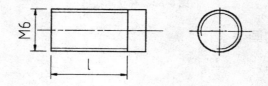

图 8-54　外螺纹画法

（2）内螺纹画法

如图 8-55 所示。画内螺纹一般都取剖视状，大径画细实线，小径画实线。注意剖面符号要画到实线，不要留空。另一视图上小径为实线圆，大径为约 3/4 的细实线圆。也可以这样记忆，即无论是外螺纹还是内螺纹，凡是牙顶都用实线，牙底都用细实线表示。

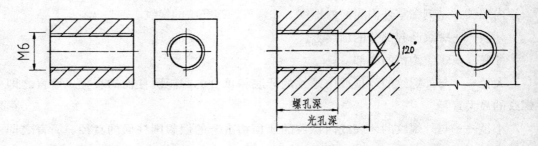

图 8-55　内螺纹画法（通孔）　　　　图 8-56　内螺纹画法（不通孔）

图 8-56 是不通孔时的内螺纹画法。一般先用钻头钻一个光孔，其端部由于刀具钻头的原因必然呈圆锥状，画图时为简化作图一律画成 120°角。锥状部分不计入光孔深度尺寸。螺纹终止线同样用实线表示。

（3）螺纹的尺寸标注

螺纹的尺寸标注包括许多内容。这里仅写出前两项。如图 8-54 中 M6 中的 M 是指粗牙普通螺纹，牙型为三角形的连接螺纹。6 是大径的公称直径。家具连接件中有些螺纹用的是细牙螺纹，则要在 M6 后还要写上具体的螺距大小，如 M6×0.75，0.75 就是细牙螺纹的螺距。

3. 内外螺纹旋合的画法

图 8-57 所示是内外螺纹旋合时的画法。主视图为全剖视图。可见内外旋合部分仍按外螺纹画法画。要注意虽然是全剖视，外螺纹按规定仍以外形视图形式画出。主视图上内外螺纹大径粗细不同，但因尺寸一致所以处在同一条直线上，小径也一样。另外剖面线都应画到实线。

其次看左视图，现在画的是内外螺纹旋合部分的 A—A 剖视。可见也是按外螺纹画，大径画实线圆，小径画约 3/4 细实线圆，但要注意这个视图上外螺纹杆件要画剖面线，而且剖面线方向要与主视图上内螺纹的剖面线方向相反，以示区别为两个零件。即主视图与左视图上的内螺纹剖面线方向要一致。

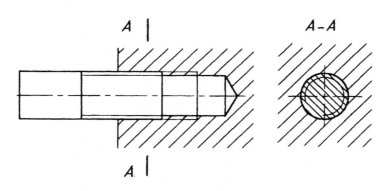

图 8-57　内外螺纹旋合时的画法

8.7　家具图样

现代家具从设计、生产、验收到销售各个阶段都需要有相应的图。图样起着传递信息的重要作用。通过图样使设计人员的形象思维转化为具体的图形。在设计生产过程中，根据各个阶段的实际需要，图样的要求和画法也不尽相同。从开始的设计草图、立体图，到生产加工中的设计平面图，从基本视图到结构装配图，以及各生产环节中的零件图和部件图等等，都需要仔细的设计、推敲、修改，然后按图样制作样品或模型。从环境、尺寸、功能、色彩、工艺等各个方面综合分析，最终完成图纸的修改过程，投入生产。由此可见，家具设计制造需要各种家具图样以适应不同的要求。

一般常用的家具图样可分为设计图和制造图两大类。设计图中有设计草图、设计图,包括效果图等;制造图中有结构装配图、装配图、部件图和零件图。

8.7.1 家具设计图

设计人员在设计新家具时,要考虑许多因素。首先要根据用户的要求、居室环境、使用功能、尺寸等条件作市场调研,查找相关资料,构思家具草图,再根据草图修改后用一定的比例按尺寸画出设计图。设计草图和设计图有不同的表现形式。一般家具作为生活、工作的用具,和建筑环境分不开,所以常画出房间布置家具后的平面图和透视图;也有先着重画某一个单件家具的透视图和视图的设计草图,再与之配套画其他家具或陈列透视图。绘制设计图可以采用多种手段,以达到理想的效果。比如铅笔、钢笔、马克笔、钢笔淡彩以及水粉等。

1. 设计草图

设计草图是设计人员徒手勾画的一种图,表现方式多种多样,不拘一格,一般以透视草图为主,单件家具的透视草图往往要画几个不同的造型,表现设计人员的种种构思。为了研究体量比例,有时也需要画视图。设计草图根据它的作用范围,设计人员可以方便选用合适的图纸,图幅、画法也不受任何标准的约束。特殊情况下需要保留备查时,再在图纸适当的地方用文字记述日期、设计者姓名和设计要求,以及设计者的思维过程。以便与用户交流、探讨,决定最终的设计方案。

图 8-58、图 8-59 是设计草图的两种基本形式。图 8-58 是透视草图,图 8-59 是视图,往往是一个主视图。透视图注重立体三维形象,而视图可研究大致体量比例和正面分割等,各有其用。所以设计草图往往既画透视也画视图,而且必要时还要画出一些细部结构,表达设计者在这方面的设计意图。但无论哪种画法,都要有相当的数量,以便比较和选择,才能最后确定比较满意的方案。

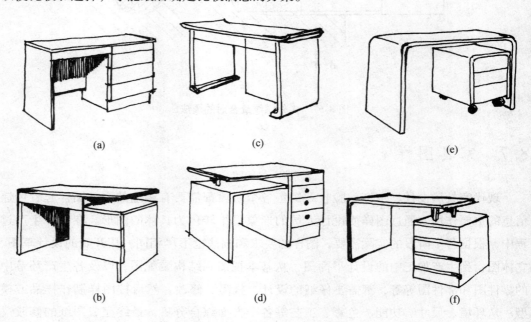

图 8-58 设计草图(立体图)

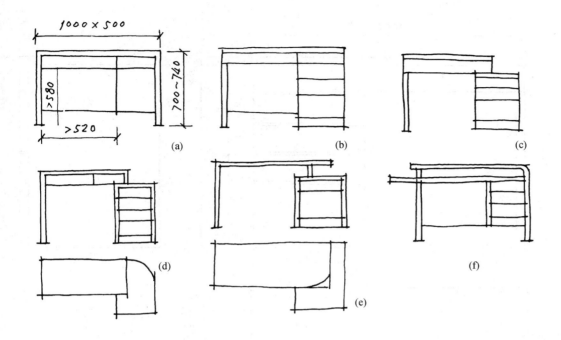

图 8-59 设计草图（平面图）

画设计草图必须有一些事先确定的尺寸要保证，例如家具的一些功能尺寸、外形轮廓尺寸或还有一些特殊要求的尺寸。如图 8-59 中，单柜写字桌的容腿空间高度不能低于 580mm，宽不能小于 520mm，桌面的宽深尺寸和高度尺寸也是桌子的功能尺寸，都要标出，以便进一步画设计图时参考。

2. 设计图

在设计草图的基础上，选定外观造型和结构的某一个家具方案，接着就着手画正式的设计图。从设计图开始，图样已从设计开始进入生产阶段，因此要求用仪器工具按实际尺寸取缩小比例画出，如图 8-60 就是某一个单柜写字桌的设计图。

一般设计图的图形，画 3 个基本视图，在 3 个主要方向上形状比例有一定的直观感觉，且主要画外形。除了视图外，往往要附加画一个透视图，以直观的考察家具的形象和功能。此时的透视图应按尺寸比例缩小后按投影原理正确画出。若有单独的效果图，设计图上的透视图也可以省略。

3. 尺　寸

设计图上的尺寸主要有家具外形轮廓尺寸，一般称为总体尺寸或规格尺寸，如总宽、总深和总高。其次就是功能尺寸，对写字桌来说，总体尺寸长、深、高同时也是功能尺寸，还有就是桌下容腿空间的高、宽、深尺寸。最后还要注上某些主要尺寸，这些尺寸影响到功能或造型，如抽屉和门的大小尺寸等。

要注意设计图与设计草图不同，它已经是正式图样了，应按国家标准图纸幅面选择图纸大小，要画出图框线和标题栏，并在责任签字栏内签字，送有关部门审核。一般一张图纸画一个图框，一个图框内画一件家具产品的设计图。

设计图上除了上述图形、尺寸外，还应包括技术条件，如主要选用材料、颜色、

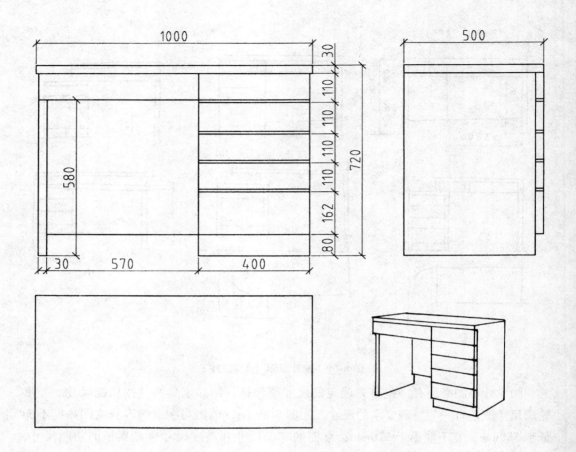

图 8-60 设计图

涂饰方法、表面质量要求等等。这里就不举例了。

8.7.2 家具制造图

家具制造图是用来指导生产的重要图纸。内容包括装配图、部件图、零件图以及大样图等。根据生产过程的不同各个阶段的装配图又有所不同,分为结构装配图、装配图或装配(拆卸)立体图。下面分别加以介绍。

1. 装配图

(1) 结构装配图

这种图在框式家具生产中应用的比较多。结构装配图不仅是用来指导已加工完成的零件、部件装配成整体家具,还指导一般零件、部件的配料和加工制造。有时也取代零件图和部件图,整个生产过程基本上就靠这一种图纸。因此,结构装配图不仅要求表现家具的内外结构、装配关系,还要能表达清楚部分零件的形状,尺寸也较详尽。如图 8-61 (a) (b) 是单柜写字桌结构装配图的 2 个部分。图 8-61 (a) 画了基本视图, 3 个视图都画成了剖视图,而外形因较简单无特殊造型要求而没有画出,但也有一个透视外形图可供参考。为了充分显示装配关系和结构在图 8-61 (b) 中画了 9 个局部详图,可以说局部详图是家具结构装配图的必要图形。为了便于看图,画局部详图要

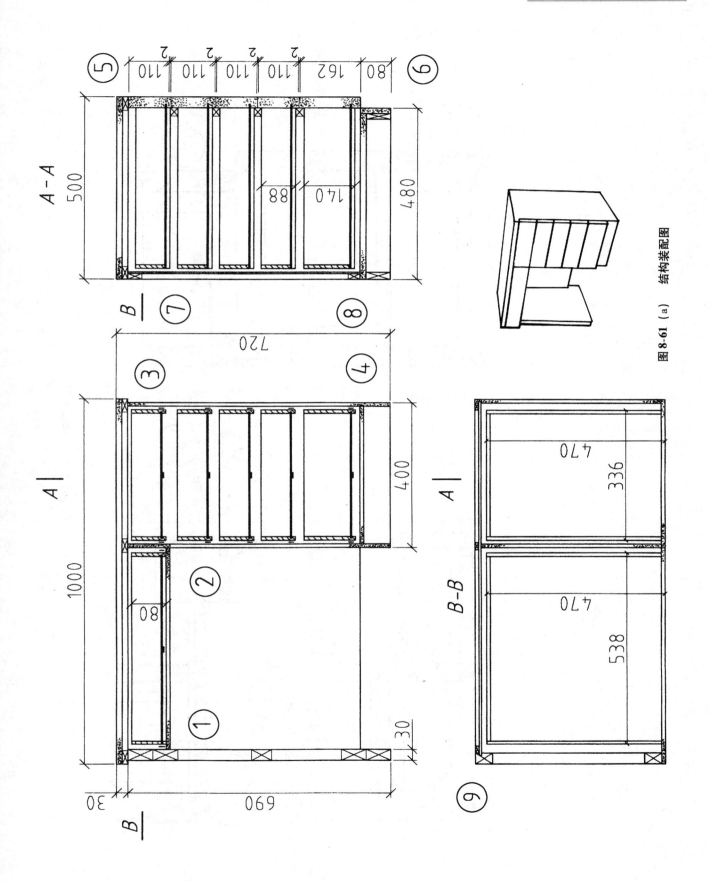

图 8-61（a） 结构装配图

· 182 · 8 家具图样图形的表达方法

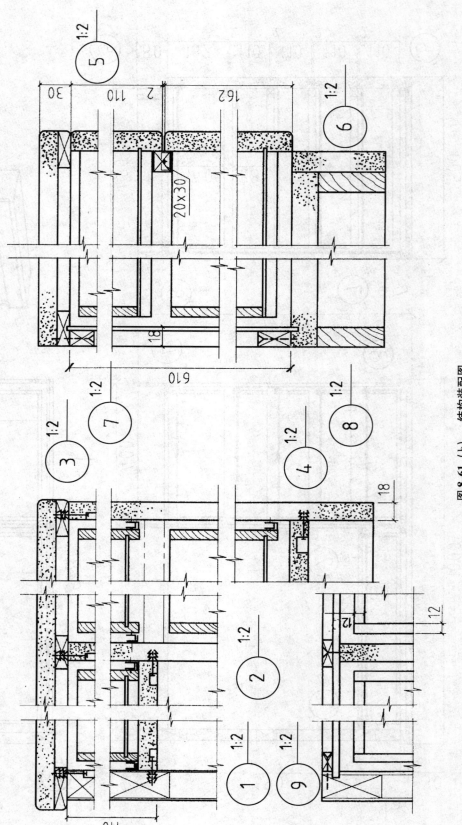

图 8-61 (b) 结构装配图

注意以下几点：一是比例一般取1:2较多，也可以取1:1原值比例。二是各有关的局部详图要有联系地排在一起，以双折线断开即可。如图8-61（b）中的①②③④号详图，⑤⑥⑦⑧号详图。三是局部详图与基本视图画在一张图纸上时，局部详图要靠近基本视图被放大的部分，这样是为了便于看图时查找。

结构装配图上的尺寸相对来说比较多。除了总体尺寸宽、深、高一定要标出外，凡配料、加工、装配需要的尺寸基本上都应标出，或可以根据已知尺寸推算得出。某些次要的尺寸则不全注出，需要时直接在局部详图中量取，当然这是极少数情况。所以，局部详图的比例一般都取1:2和1:1，以便直接量取尺寸。

除此之外，凡加工所要注意的技术条件也都应注写在结构装配图上。与结构装配图配套的还有零、部件明细表，上列零、部件名称，材料规格尺寸等，还包括连接件、涂料用量、品种等等。较简单的家具明细表也有直接画在标题栏上方。

（2）装配图

装配图的作用是在家具零、部件都已加工完毕和配齐的条件下，按图纸要求进行装配成产品的图样。因此，装配图比结构装配图要简化得多。因为装配图不需要将零件、部件的形状、尺寸表示清楚，仅仅指明其在家具中的位置以及与其他零、部件之间的装配关系即可。

图8-62是单柜写字桌的装配图，将它与图8-61进行比较，一般装配图都不画局部详图，尺寸也比结构装配图少得多。仅注出了家具装配后要达到的尺寸，如总体尺寸宽、深、高，容腿空间尺寸等。另外，装配图都要将主要零、部件编号（连接件除外）。注意零、部件编号的要求，要按顺序围绕视图外围转，顺时针或逆时针方向均

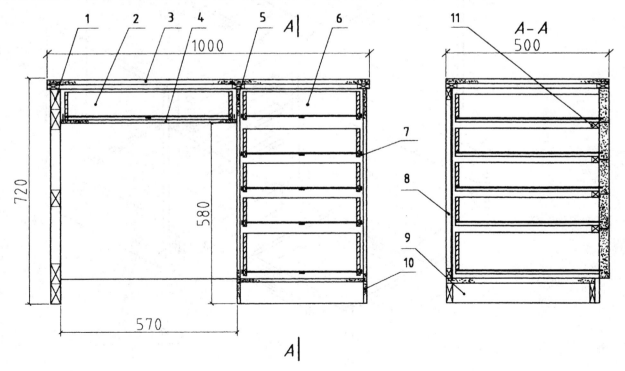

图8-62 装配图

可，目的是为了容易查找。当然零件、部件的编号要与零件图、部件图的编号完全相同，以免混乱。很显然生产家具仅有装配图是不够的，必须要配套的全部零件图、部件图。换句话说，若有了零、部件图，最后只要装配图就可以了，无需结构装配图那样，各细部结构都画得很细，以至图看上去很复杂。

（3）装配（拆卸）立体图

家具图中也有以立体图形式表示家具各零、部件之间的装配关系的，特别是拆装

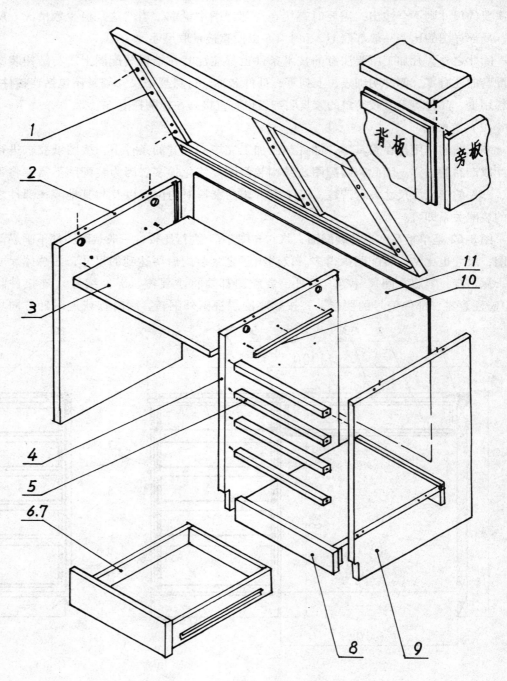

图 8-63　装配（拆卸）立体图

式家具的销售，为了运输的方便，往往产品是到了使用地点进行安装，这就需要有拆卸状的图纸，供装配时参考。这种图一般都是立体的，而且是轴测图居多，这样画图比较方便。但尺寸大小并不严格，只要表示清楚零件、部件之间如何配合，装配的相对位置就可以了。

随着板式家具的日益增加，连接件的安装的不断简化，这种图样会越来越普遍的被使用。因为现代生活，人们的自主意识很强，加之产品部件的标准化生产逐渐规范，人们可以在家具的自选超市里买到自己喜欢的产品部件，回家以后按图样说明，自己动手安装，也给生活带来了许多乐趣。

图 8-63 就是单柜写字桌的的装配（拆卸）立体图。它的优点是简单、明了，立体感强，没有识图能力的人也可以按图操作，很适合非专业人员使用。缺点是对于结构比较复杂的产品画图较为困难。所以，一般在板式家具生产装配中应用较多。这种图样往往按家具装配的顺序进行编号，达到简化文字说明的目的。

这种图样在某一个局部点的相互关系不明确的情况下，可以补充画放大的接点图说明相对位置，如图中的背板、旁板与面板三者之间的放大图，这时只画某一个局部就可以了。

2. 零件图、部件图和大样图

由零件组装成的独立配件称为部件，而零件是组装成部件的最小单体。生产任何家具必须先加工制造零件，然后组装成部件，最后装配成家具。比如：抽屉是家具的一个部件，它是由一块抽屉面板、两块旁板、一块后背板和一张底板组装而成的（图8-64）。这每一块板都是一个零件，而生产加工正是从每一个零件开始的。因此，每一个零件的生产过程中，都应该有零件图，组装成部件时应该有部件图。

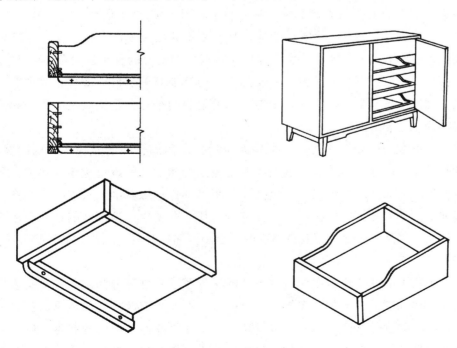

图 8-64 抽屉部件

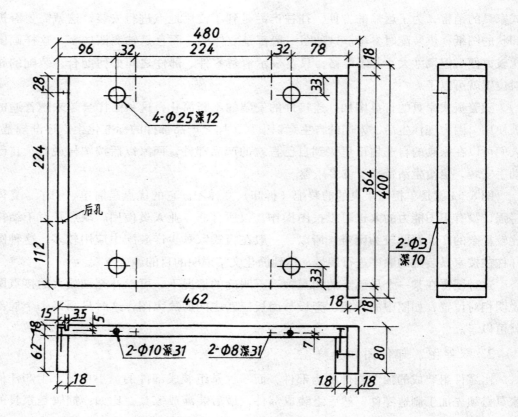

图 8-65　脚架部件图

(1) 部件图

家具中经常见到的如：抽屉、旁板、脚架、面板、背板等等都是部件。有了部件图，组成该部件的零件一般就不再有零件图了。图 8-65 是单柜写字桌的脚架部件图，从图中可以看到，脚架由 4 个零件组成，其中主要的底板零件上打有 4 个 $\phi 25$ 的连接件专用孔，且都有尺寸注明了位置。此外与连接件相配合的有定位销孔 $\phi 8$。底板上还有一条槽是用于装嵌背板的。为了要使部件能与其他有关零件或部件正确顺利地装配成家具，部件上各部分结构不仅要画清楚，更重要的是有关连接装配的尺寸特别要注意不能搞错，不能遗漏。

尺寸一般大致可分为两类，一类是大小尺寸，例如孔眼的直径，凹槽的宽和深，总体的长、宽、高等，很明显，这类尺寸是决定形状的，所以也称定形尺寸。另一类就是定位尺寸，如孔的位置尺寸，包括孔眼距离零件边缘基准的尺寸，孔与孔之间的距离尺寸等。部件图不仅形状尺寸都要齐全，其他有关生产该部件的技术要求都要在图样上标明。当然一个部件就要有单独的一个图框和标题栏。

(2) 零件图

家具中除了部件外就是作为单件出现的零件了。零件可分为两类：一是直接构成家具的如竖档、横档、腿脚、望板、挂衣棍等，以及组成部件的如抽屉面板、抽屉旁板等；还有一类就是各种连接件，如圆钉、木螺钉和各种专用连接件等。后一类零件一般都是选用市场上有售的标准件，只要按要求注明规格、型号、数量等选购就可以了，当然无需图样。

图 8-66 是单柜写字桌的右旁板零件图。由于该旁板是由整块中密度纤维板做成，没有其他附件装在上面，所以还是零件。从图中可以看到，形状结构并不复杂，主要是孔眼甚多，必然要有一系列孔眼的大小尺寸和定位尺寸。对于其中一些在图上很小的小孔眼往往圆就省略不画，仅仅画一细实线十字，用不带箭头的引出线注明数量、孔眼直径、钻孔深度如 "2-φ8 深 10"，画有圆的小孔眼，则可以用带一个箭头的尺寸线注出其直径、数量等尺寸数据。

当然，凡是对零件成品应该有的技术要求在零件图上都必须注写清楚。零件图中画的零件即使图形简单，尺寸也不多的情况下，也应一个零件一个图框，选择标准图纸幅面，标题栏中应填写的栏目都应写全。避免一个图框内同时画几个零件的零件图。

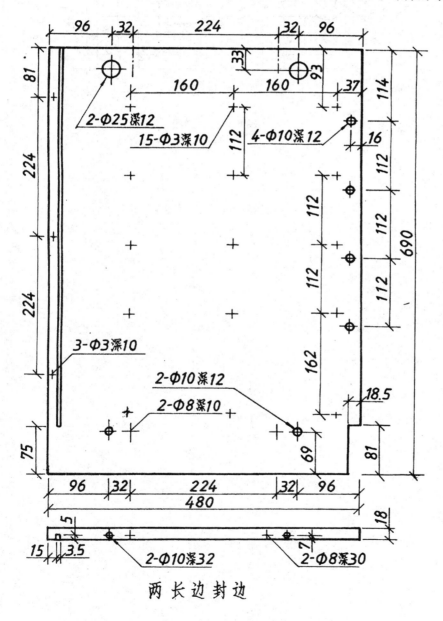

图 8-66　右旁板零件图

(3) 大样图

家具中某些零件有特殊的造型形状要求，在加工这些零件时常要根据样板或模板画线，最常见的如一般曲线形零件，就要根据图纸进行放大，画成1：1原值比例，制作样板，这种图就是大样图。对于平面曲线一般用坐标方格网线控制较简单方便，只要按网格尺寸画好网格线，在格线上取相应位置的点，由一系列点光滑连接成曲线，就可以画出所需要的曲线了，无论放大或缩小都一样（图8-67）。

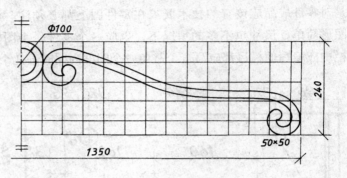

图 8-67　大样图

9 建筑与室内设计图样及图形的表达方法

近几年来,由于室内设计行业的不断发展,专业招生的进一步扩大,对室内及建筑的识图和制图的基本知识有了新的要求。对室内进行设计,首先要对建筑空间结构有全面的了解,这就需要有建筑制图的基本知识,掌握建筑图样的各种表达方法及其相关的工程技术制图的标准,从中了解建筑设计人员的设计思想和要求,在此基础上,构思室内设计的方案。所以,学习建筑制图的基本知识,了解建筑图样的表达方法及相关标准,对从事室内设计的人员是必不可少的。

9.1 建筑制图相关标准

9.1.1 视 图

房屋建筑的图样也按正投影法绘制,但各投影图的名称在不同的制图标准中叫法不同。建筑制图标准中6个视图分别称为正立面图、左侧立面图、右侧立面图、平面图、底面图和背立面图(图9-1)。每个图样一般均应标注图名,图名应标注在图样的下方或一侧,并在图名下绘一粗横线,其长度应以图名所占长度为准(图9-2)。

某些工程构造,当用正投影法绘制不易表达时,可用镜像投影法绘制(图9-3)。假想在物体的下方放置一面镜子,物体的形象就可以映射在镜面上,将镜面向下翻转90°到V面上就得到镜像投影图。标注时为了和平面图加以区分,应在图名后注写"镜像"二字。

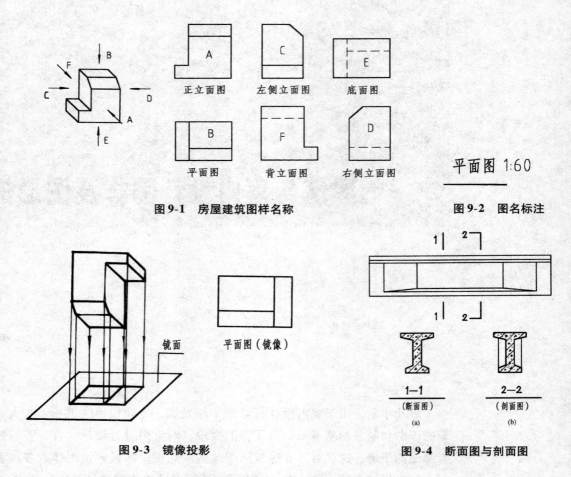

图9-1 房屋建筑图样名称　　　图9-2 图名标注

图9-3 镜像投影　　　图9-4 断面图与剖面图

9.1.2 断面图和剖面图

建筑图样中的断面图和剖面图的投影形成原理等同于第8章里介绍的剖面图和剖视图,只是它们的名称和标注在不同的制图标准中规定不一样。断(截)面剖切符号如图9-4(a),在剖切位置用一长度为6~10mm的粗实线表示剖切面,断(截)面剖切符号的编号宜用阿拉伯数字按顺序编排,编号所在的一侧为该断(截)面的剖视方向。

剖面图的剖切符号如图9-4(b),在断(截)面剖切符号上再加一个剖视方向线,表示剖切以后的投影方向,长度为4~6mm,粗实线。剖面剖切符号的编号应按顺序由左至右、由上至下连续编排,并应写在剖视方向线的端部。在图中,剖切符号不宜与图面上的图线相接触。

9.1.3 详　图

图样中需要表现的细部做法,由于在基本视图中受图幅、比例的限制,一般无法表达清楚,因此必须将这些细部引出,并将它们放大,绘制出内容详细、构造清楚的图形,即详图。

1. 索引符号

图样中需要另画详图表示的局部或构件,为了读图方便,应在图中的相应位置以索引符号标出（图9-5）。索引符号由两部分组成：一是用细实线绘制的直径为10mm的圆圈，内部以水平直径线分隔；另一部分为用细实线绘制的引出线。图9-5（a）为索引符号的一般画法，圆圈中的3表示的是详图编号，4表示详图所在的图纸编号；图9-5（b）中的"-"则表示详图和被索引的图在同一张图纸上；图9-5（c）表示索引出的详图采用的是标准图，在索引符号水平直径线的延长线上加注该标准图册的编号。图9-5（d）用于剖切详图的索引，在被剖切的部位绘制剖切位置线，并以引出线引出索引符号，引出线所在的一侧即为剖切时的投影方向。

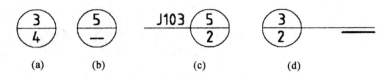

图9-5 索引符号

在室内设计平面图中，常用一种立面指向索引符号，如图9-6。箭头表示指向的立面方向，数字或字母表示索引的图号。

2. 详图符号

用来表示详图的位置及编号。详图符号是用粗实线绘制的直径为14mm的圆。如图9-7所示，圆圈内编号的填写方法有两种：图9-7（a）所示的详图编号为3，被索引的图纸编号为2；图9-7（b）则说明编号为5的详图就出自本页。

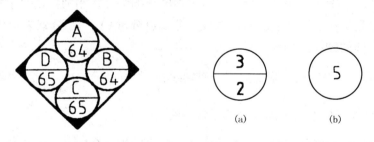

图9-6 室内立面索引符号　　　图9-7 详图符号

9.1.4 定位轴线

在平面图上一般需要用纵横轴线来控制墙、柱等主要承重构件的位置。它既是施工时定位放线的依据，也是构件自身及相对定位的依据（图9-8）。

1. 定位轴线的画法

定位轴线用细点画线表示，端部画细线圆，直径为8mm；局部详图中用10mm的实线圆。定位轴线圆的圆心，应在定位轴线的延长线上。

2. 定位轴线的编号

平面图上定位轴线的编号，宜标注在图样的下方与左侧，一般规定水平方向用阿拉伯数字，从左向右顺序编号，称为横向定位轴线；竖向编号采用大写拉丁字母，从下而上顺序编号，称为纵向定位轴线。按规定，大写字母中*I*、*O*、*Z*3个字母不得用

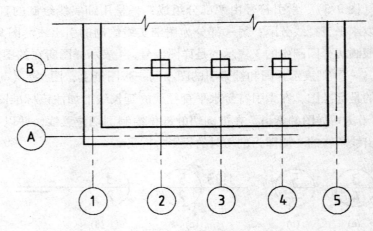

图 9-8 定位轴线

为轴线的编号,以免分别与1、0、2三个数字混淆。

对于一些与主要承重构件相联系的次要构件,它的定位轴线一般作为附加轴线,编号用分数表示,如:

①/② 表示 2 号轴线后附加的第一根轴线;

③/C 表示 C 号轴线后附加的第三根轴线。

分母表示前一轴线的编号,分子表示附加轴线的编号,用阿拉伯数字顺序编号。

1 号轴线或 A 号轴线之前的附加轴线应分别以分母 01、0A 分别表示位于 1 号轴线或 A 号轴线之前的轴线,如:

①/01 表示 1 号轴线之前附加的第一根轴线;

③/0A 表示 A 号轴线之前附加的第三根轴线。

定位轴线也可采用分区编号,编号的注写形式应为:分区号—该区轴线号。如:

(1-3) 表示第 1 区第 3 根轴线。

9.1.5 标 高

建筑图样中的高度标注与一般的尺寸标注不同,需用标高符号标注 [图 9-9(a)],以细实线绘制,如标注位置不够,可用图 9-9(b)的形式。总平面图上的标高符号用涂黑的三角形表示 [图 9-9(c)]。标高符号的尖端应指至被注的高度,尖端可向上也可向下(图 9-10)。标高数字应以米为单位,注写到小数点后第三位,表示精确到 mm。在总平面图中,可注写到小数点后第二位。零点标高应写成 ±0.000,正数标高不写"+",负数标高应写"−",如 3.000、−0.600。在图样的同一位置需表示几个不同标高时,标高数字可按图 9-11 的形式注写。

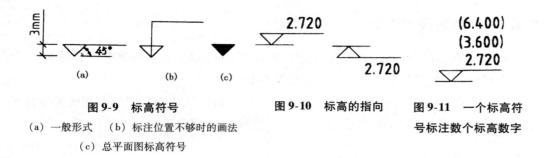

图 9-9　标高符号　　　　　图 9-10　标高的指向　　　图 9-11　一个标高符
(a) 一般形式　(b) 标注位置不够时的画法　　　　　　　　　　　　号标注数个标高数字
　　　(c) 总平面图标高符号

9.1.6　引出线

对图样中需要说明的地方可用引出线引出加以说明（图 9-12）。引出线为细实线，可用水平方向的直线，与水平方向成 30°、45°、60°、90°的直线或经上述角度再折为水平的折线。文字说明注写在横线的上方或端部，索引详图的引出线要对准索引符号的圆心。

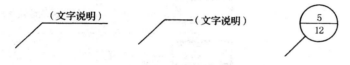

图 9-12　引出线

同时引出几个相同部分的引出线，可相互平行也可画成集中于一点的放射线（图 9-13）。多层构造或多层管道共用引出线，应通过被引出的各层。文字说明的顺序应由上至下或由左至右，并与被说明的层次相互一致（图 9-14）。

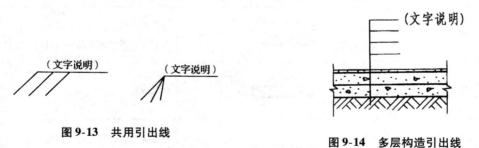

图 9-13　共用引出线　　　　　　　图 9-14　多层构造引出线

9.1.7　指北针

建筑图样中用指北针表示方向（图 9-15）。指北针用细实线绘制，圆的直径为 24mm，指针尾部的宽度为 3mm。需用较大直径绘制指北针时，指针尾部宽度为直径的 1/8。

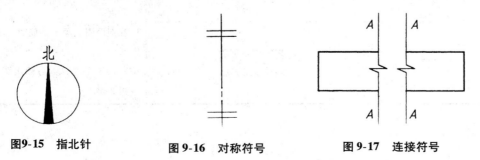

图 9-15　指北针　　　　　图 9-16　对称符号　　　　图 9-17　连接符号

9.1.8 对称符号和连接符号

对称符号用细线绘制,平行线的长度为6~10mm,两平行线的间距为2~3mm,平行线在对称点画线两侧的长度应相等,如图9-16。

连接符号应以折断线表示需连接的部位,应以折断线两端靠图样一侧的大写拉丁字母表示连接编号。两个被连接的图样,必须用相同的字母编号,如图9-17。

9.1.9 常用图例(表9-1至表9-3)

表9-1 常用建筑材料图例

序号	名 称	图 例	说 明
1	自然土壤		包括各种自然土壤
2	夯实土壤		
3	砂、灰土		靠近轮廓线绘较密的点
4	砂砾石、碎砖三合土	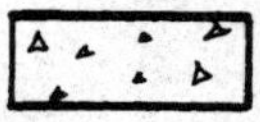	
5	石材		
6	毛石		
7	普通砖		包括实心砖、多孔砖、砌块等砌体。断面较窄、不易画出图例线时,可涂红
8	空心砖		指非承重砖砌体
9	饰面砖		包括铺地砖、马赛克、陶瓷锦砖、人造大理石等
10	混凝土	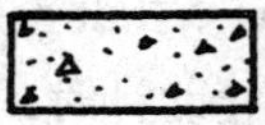	1. 本图例指能承重的混凝土及钢筋混凝土 2. 包括各种强度等级、骨料、添加剂的混凝土 3. 在剖面图上画出钢筋时,不画图例线 4. 断面图形小,不易画出图例线时,可涂黑
11	钢筋混凝土		

表 9-2 楼梯和门窗图例

序号	名　称	图　例	说　明
1	空门洞	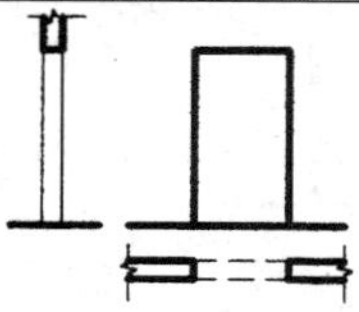	
2	单扇门（包括平开或单面弹簧）	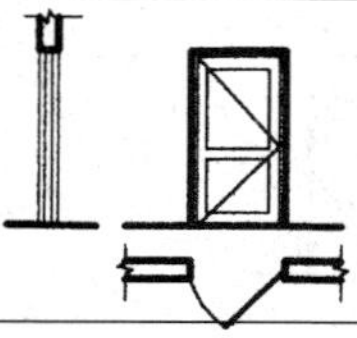	1. 门的名称代号用 M 表示 2. 剖面图上左为外、右为内，平面图上下为外、上为内 3. 立面图上开启方向线交角的一侧为安装合页的一侧，实线为外开，虚线为内开 4. 平面图上的开启弧线及立面图上的开启方向线，在一般设计图上不需表示，仅在制作图上表示 5. 立面形式应按实际情况绘制
3	双扇门（包括平或单面弹簧）	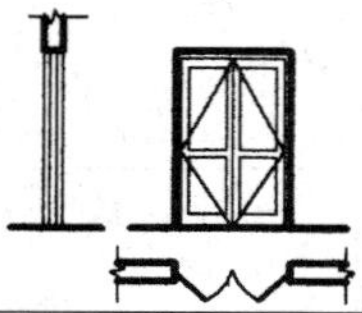	
4	对开折叠门	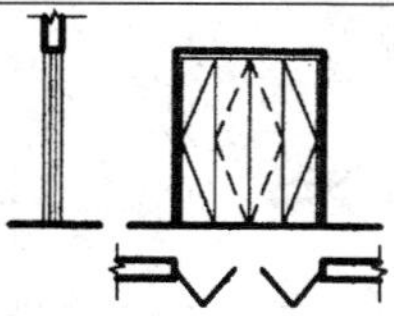	
5	墙外单扇推拉门	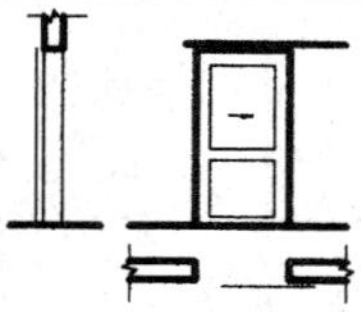	同序号 2、3 说明中的 1、2、5
6	墙外双扇推拉门	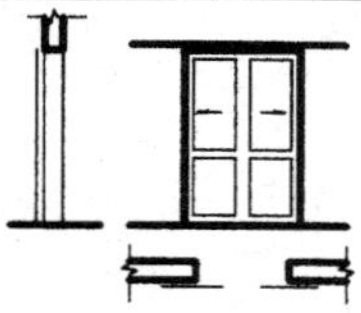	同序号 5
7	墙内单扇推拉门	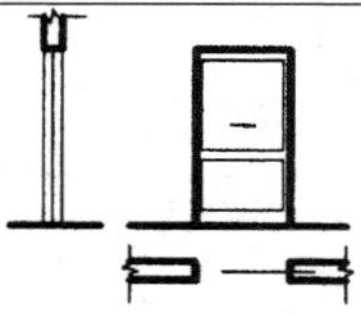	同序号 5
8	墙内双扇推拉门	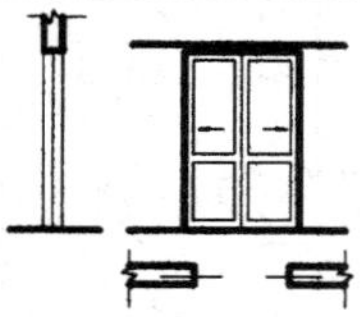	同序号 5
9	单扇双面弹簧门	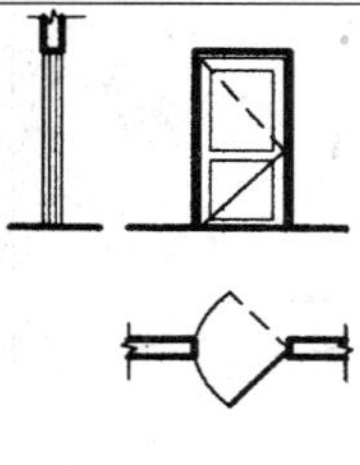	同序号 2

（续）

序号	名　称	图　例	说　明
10	双扇双面弹簧门	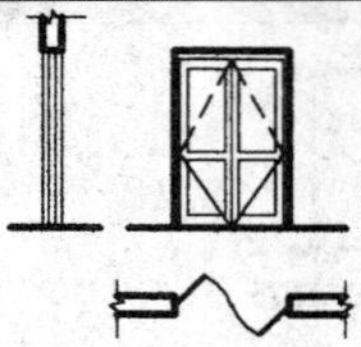	同序号2
11	单扇内外开双层门（包括平开或单面弹簧）	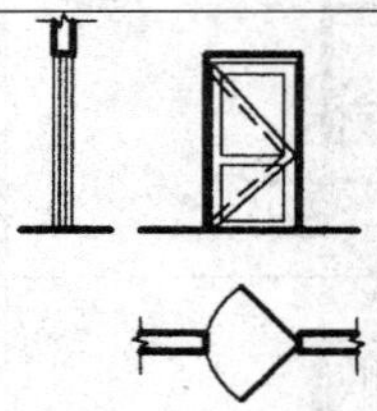	同序号2
12	双扇内外开双层门（包括平开或单面弹簧）	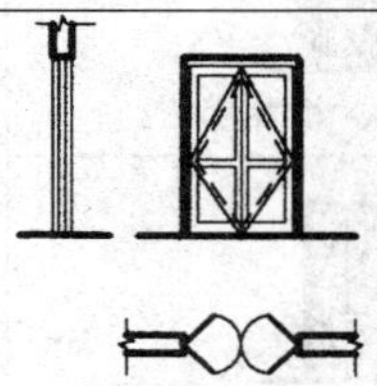	同序号2
13	转　门	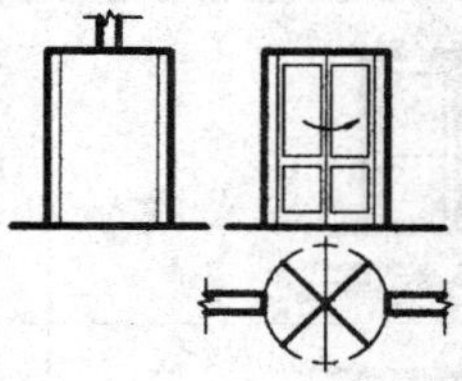	同序号2中的1、2、4、5
14	折叠上翻门	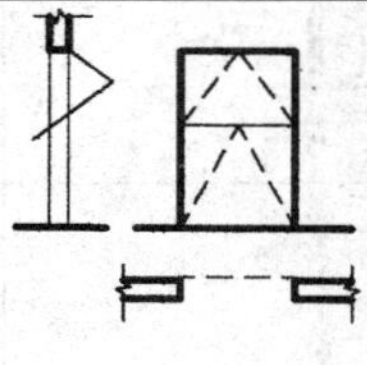	同序号2
15	卷　门	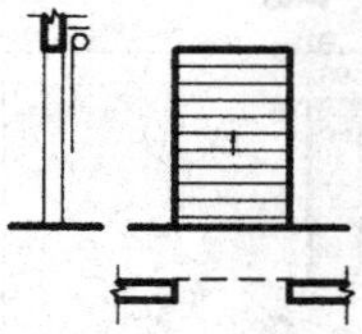	同序号2说明中的1、2、5
16	提　升　门	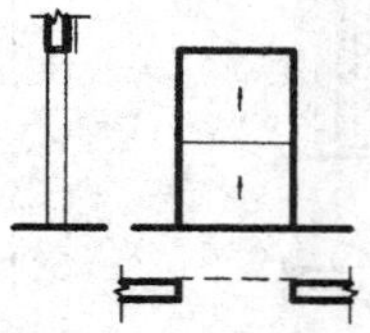	同序号2说明中的1、2、5

(续)

序号	名称	图例	说明
17	单层固定窗	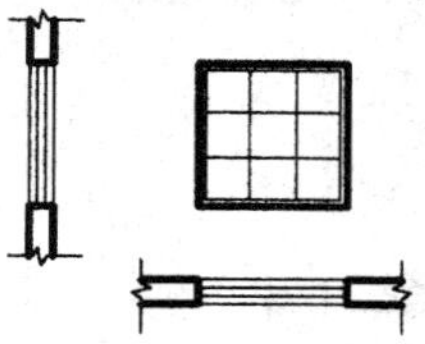	1. 窗的名称代号用 C 表示 2. 立面图中的斜线表示窗的开关方向，实线为外开虚线为内开；开启方向线交角的一侧为安装合页的一侧，一般设计图中可不表示 3. 剖面图上左为外、右为内，平面图上下为外，上为内 4. 平、剖面图上的虚线仅说明开关方式，在设计图中不需要表示 5. 窗的立面形式应按实际情况绘制
18	单层外开上悬窗	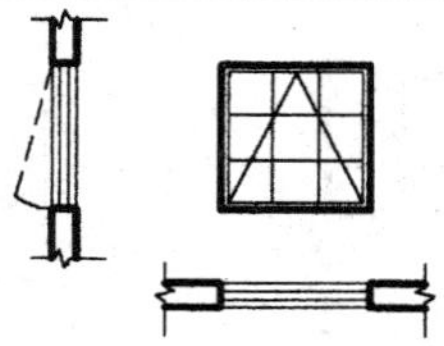	
19	单层中悬窗	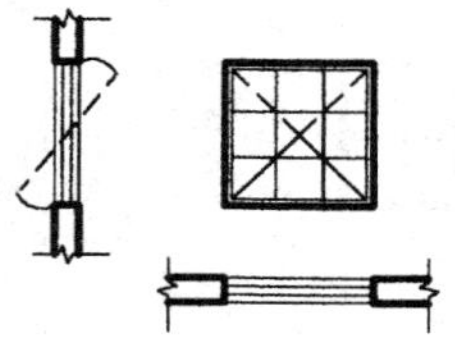	同序号 1
20	单层内开下悬窗	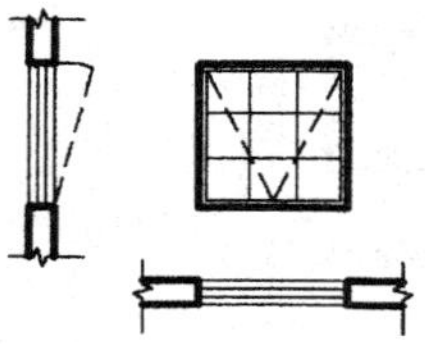	同序号 1
21	单层外开平开窗	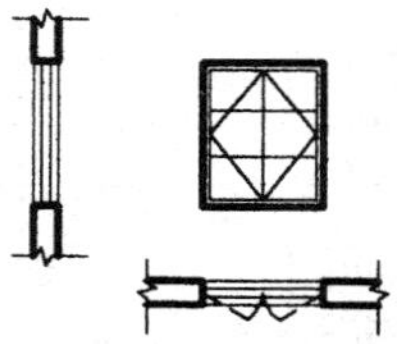	同序号 1
22	立转窗	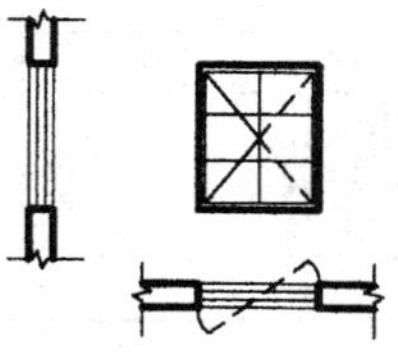	同序号 1
23	单层内开平开窗	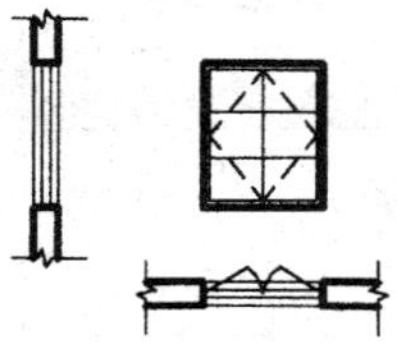	同序号 1

(续)

序号	名　称	图　例	说　明
24	双层内外开平开窗	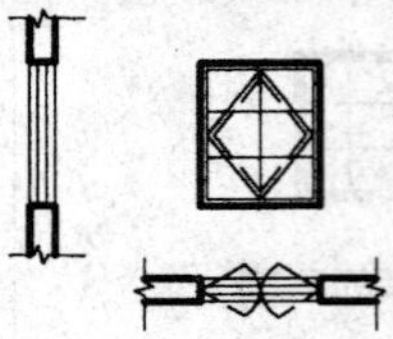	同序号1
25	左右推拉窗	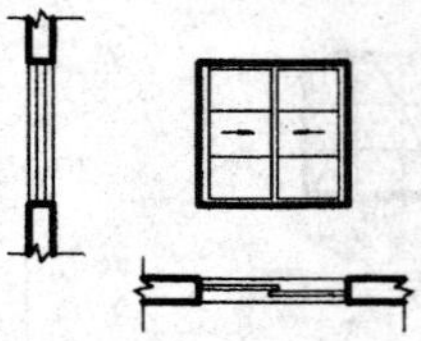	同序号1 说明中的1、3、5
26	上推窗	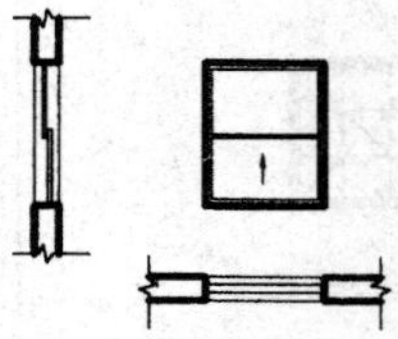	同序号1 说明中的1、3、5
27	百叶窗	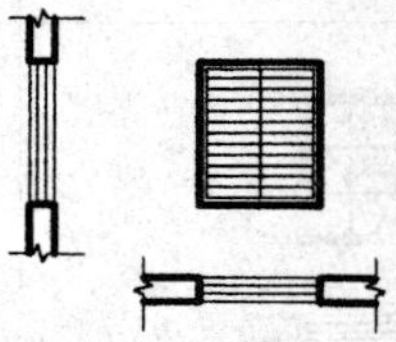	同序号1
28	底层楼梯	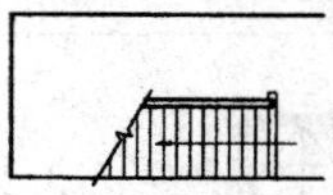	
29	中间层楼梯	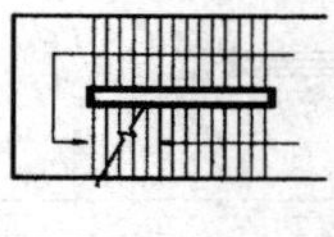	
30	顶层楼梯	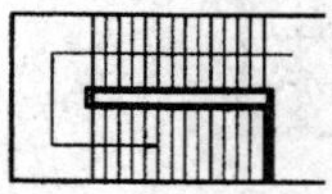	

表 9-3　绿化图例

序号	名　称	图　例	说　明
1	针叶乔木		
2	阔叶乔木		

(续)

序号	名 称	图 例	说 明
3	针叶灌木		
4	阔叶灌木		
5	草木花卉		
6	修剪的树篱		
7	草 地		
8	花 坛		

以上为建筑制图标准中规定的部分图例,在室内设计图样中经常会用到,由于室内设计至今没有自己本专业的制图标准,所以常常借用建筑制图标准中的图例。本书没有介绍到的图例,读者可以参阅相关的标准。室内设计图样中还有很多设备、陈设等需要用图例来表示,这里我们介绍一些社会上用的比较多的、约定俗成的图例供大家参考(表9-4,表9-5)。

表9-4 常见室内用品图例

序号	名 称	图 例	说 明
1	双人床		
2	单人床		
3	沙 发		特种家具根据实际情况绘制外轮廓线
4	凳 椅		
5	桌		
6	钢 琴		
7	地 毯		满铺地毯在地面用文字说明
8	花 盆		
9	吊 柜		

(续)

序号	名称	图例	说明
10	浴盆	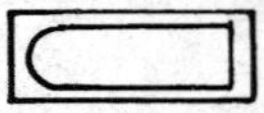	
11	坐便器		
12	蹲便器	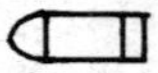	
13	盥洗盆	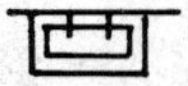	
14	淋浴室		
15	洗衣机		

表9-5 常用管线设备图例

序号	名称	图例	说明
1	插座		分别为双极、三极、四极插座，涂黑为暗装，不涂黑为明装
2	开关		分别为单极、双极开关，涂黑为暗装，不涂黑为明装
3	吊灯		
4	筒灯		
5	荧光灯		
6	格栅灯		
7	壁灯		
8	顶棚灯		
9	电话		
10	电话出线口		
11	电话分线盒		

9.2 建筑与室内设计图样[①]

建筑制图标准中的规定大多都可以在室内设计制图中使用，但它不能包含室内设

---

① 本节图样均选自《装饰设计制图与识图》一书，作者：高祥生。

计中所有的内容，因此室内设计图样在借用建筑制图标准的基础上还需要很多补充。下面我们结合实例介绍室内设计中经常用的图样和表达方法。

9.2.1 平面图

假想有一个水平剖切平面在窗台上方、门窗洞口之间将房屋剖开，移去剖切平面以上的部分，将余下的部分直接用正投影法投影到 H 面上而得到的正投影图即为平面图。被剖切到的墙和柱的断面轮廓线按建筑标准规定都是用粗实线表示。

在建筑平面图的基础上加上室内设施即构成了室内设计平面图（图 9-18）。平面图主要表达了建筑空间的平面形状和大小，各房间在水平方向的相对位置和相互组合关系，门窗位置、墙和柱的布置以及使用设备和家具陈设等。

一般说来，多层或高层房屋均应画出各层的平面图。但平面楼层布置相同时，则只需画一个共同的平面图，称为标准层平面图。在整套室内设计工程图纸中，一般还有表示各局部索引的平面图，它可以帮助查找、阅读局部图纸。

9.2.2 顶棚平面图

顶棚平面图也可称天花平面图、吊顶平面图等，表达顶棚或天花的设计，常采用镜像投影的画法。镜像投影的纵横轴线的排列与俯视平面图完全相同，只是所表达的图像是上面的顶棚。在标注图名"顶棚平面图"时，应在其后用括号加注"镜像"二字。

图 9-19 是图 9-18 室内的顶棚平面图，主要表明室内顶棚的装饰造型、所用材料、结构做法及标高、尺寸等。此外，还需要表明灯具、空调风口、音响等设施的位置、种类和形式。在绘制顶棚平面图时，门窗可省去不画，只画墙线。

对于一些平面形状对称，内容不甚复杂的平面图，可将平面图与顶层平面图各画 1/2，并组合成一个图形，称为组合视图。

9.2.3 立面图

平行于室内各方向的垂直界面的正投影图在室内设计图中亦称为立面图。图 9-20 是图 9-18 中 2 个进门走廊处南立面的立面图 A，D 和北立面的立面图 B，C。图 9-21，图 9-22 是客厅、书房、卧室、阳台的各柜体，及门的立面图，这其中还包含了一些柜体的平面图。图 9-23 是 2 个卫生间的 4 个立面图。室内设计中的立面图主要表现室内某一房间的装饰内容以及与各界面有关的物体，在立面图中应表明立面的宽度和高度，表明立面上的装饰物体或装饰造型的名称、内容、大小、做法等，表明需要放大的局部和剖面的符号等。

以上介绍的立面图只表现了一个墙面的图样，有些工程需要同时看到所围绕的各个墙面的整体图样。根据展开图的原理，在室内某一个墙角处竖向剖开，对室内空间所围绕的墙面依次展开在一个立面上，所画出的图样，称为室内立面展开图。使用这种图样可以研究各墙面的统一和对比的效果，可以看出各墙面的相互关系，了解各墙面的相关装饰做法，给读图者以整体的印象，获得一目了然的效果。

· 202 ·　9　建筑与室内设计图样及图形的表达方式

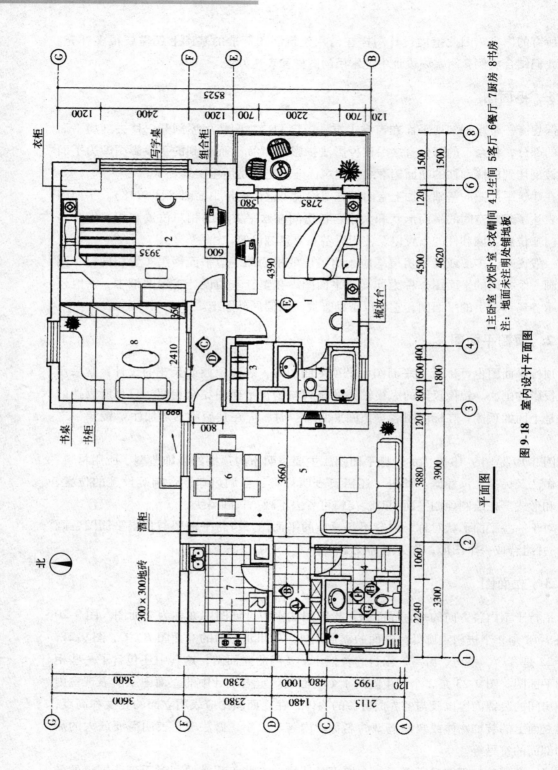

图 9-18　室内设计平面图

9.2 建筑与室内设计图样

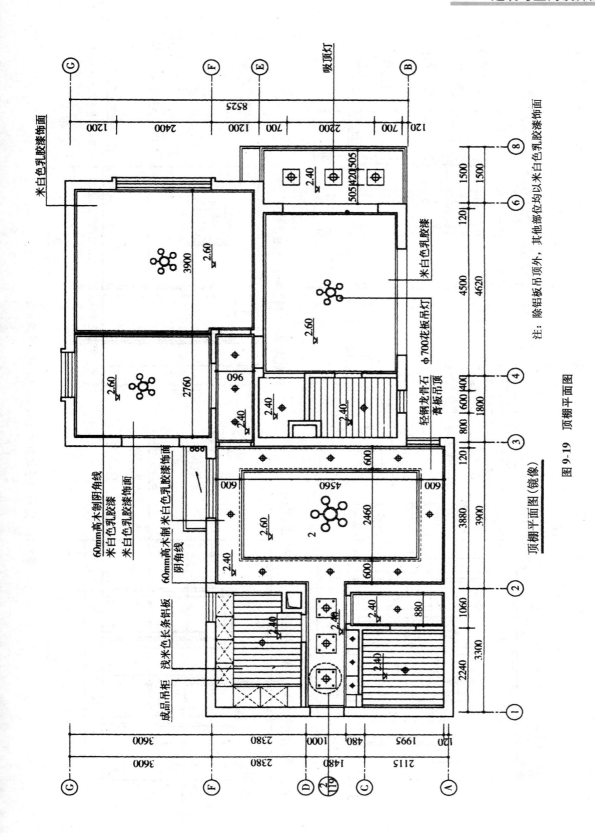

图 9-19 顶棚平面图

· 204 · 9 建筑与室内设计图样及图形的表达方式

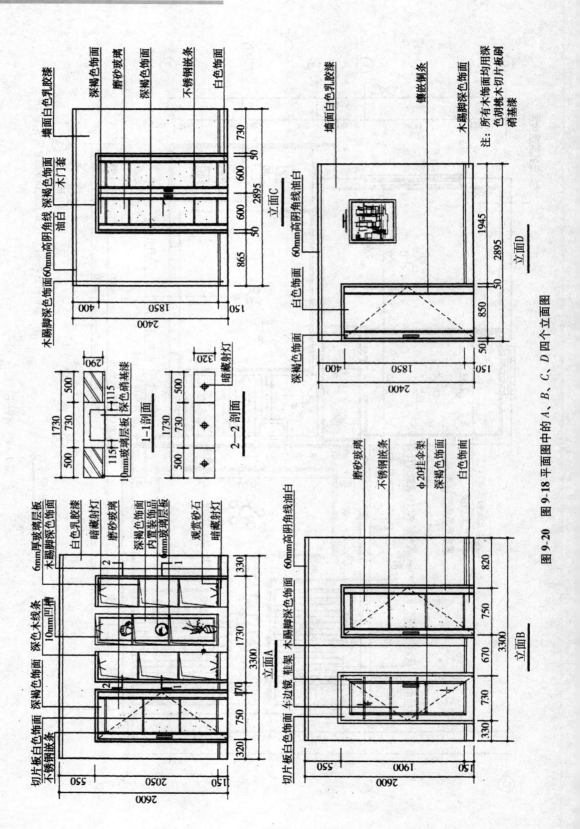

图 9-20 图 9-18 平面图中的 A、B、C、D 四个立面图

9.2 建筑与室内设计图样

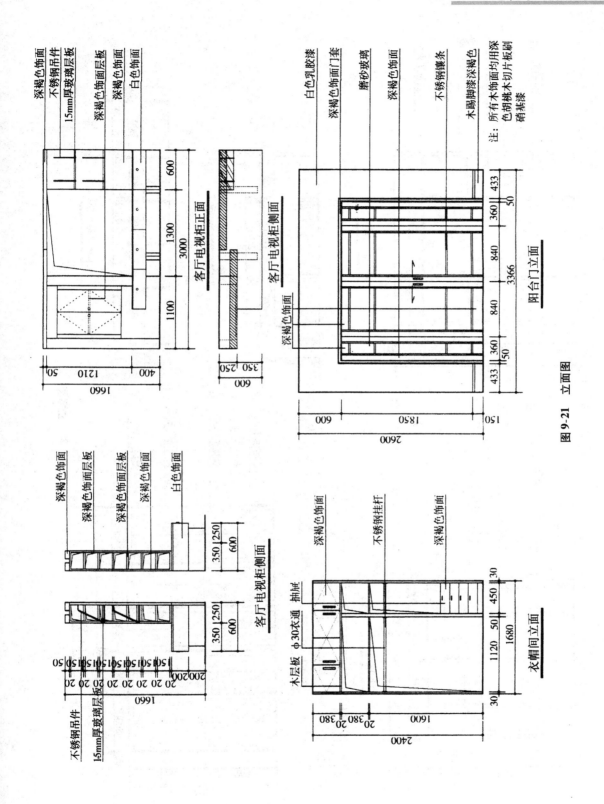

图 9-21 立面图

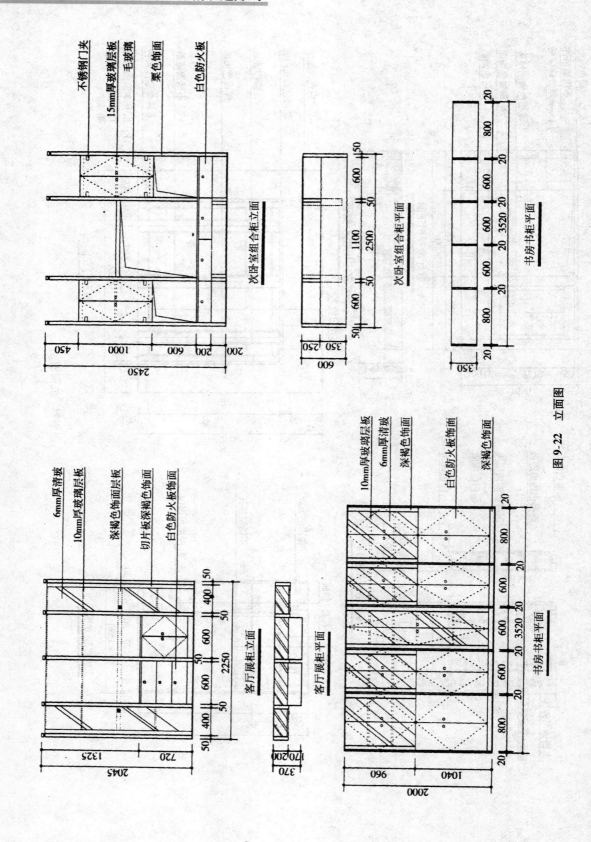

图 9-22 立面图

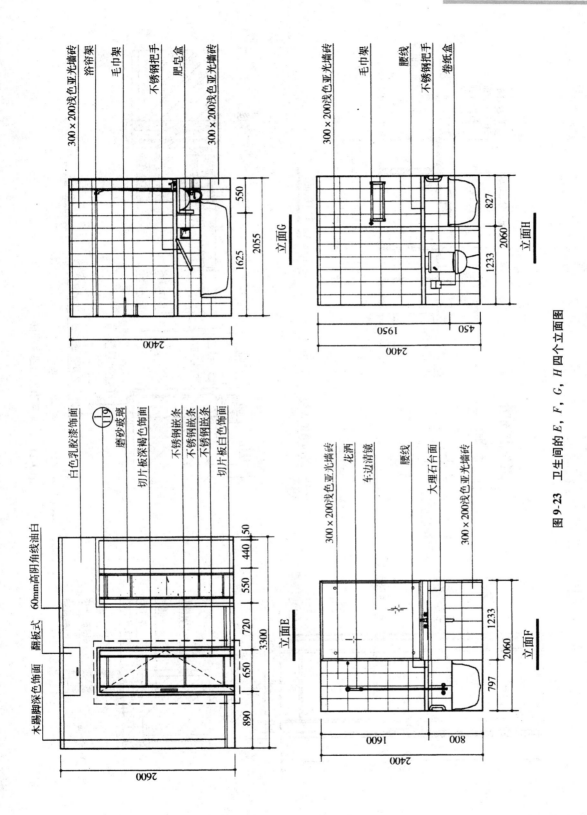

图 9-23 卫生间的 E, F, G, H 四个立面图

·208· 9 建筑与室内设计图样及图形的表达方式

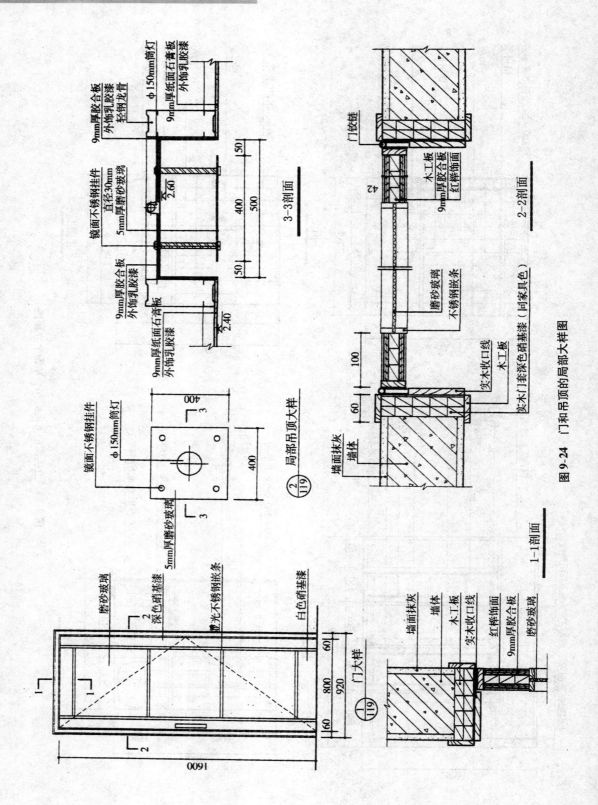

图 9-24 门和吊顶的局部大样图

9.2.4 详　图

　　室内设计详图是对室内平、立面图中内容的补充。在绘制详图时，要做到图例构造清晰、尺寸标注细致，图示比例、索引符号、定位轴线、标高等都应标注正确。图样中的用材做法、材质色彩、规格大小等可用文字标注清楚。

　　详图又称大样图，剖面中的详图又称节点图。图 9-24 是图 9-23 中 E 立面图中门的局部大样图，以及图 9-19 中吊顶的局部大样图，它们的索引符号在图 9-23 中 E 立面图的右侧，图 9-19 中的左侧。并附有 3 个局部大样图的剖面图。剖面的位置可从局部大样图上查出，标注为阿拉伯数字 1-1、2-2、3-3。

　　本章主要介绍了室内设计图样的标注符号规定画法以及基本视图的名称、用途、画法，详图、剖面图的画法。具体图样上图线的粗细、尺寸的标注及材料的选用，同学们可对照图纸详细阅读，分析。今后学习室内设计专业课，老师将会进一步讲解室内设计图样的制作过程以及与建筑图样的关系。我们就不详细说明了。

参考文献

1 国家质量技术监督局. 中华人民共和国国家标准《技术制图》. 北京：中国标准出版社，1997
2 建筑制图标准汇编. 北京：中国计划出版社，2001
3 中华人民共和国行业标准《QB 1338—1991 家具制图》，1991
4 周雅南. 家具制图. 北京：中国林业出版社，1992
5 周雅南. 家具制图. 北京：中国轻工业出版社，2000
6 周雅南. 木工识图. 北京：中国林业出版社，1987
7 马晓星. 室内设计制图. 北京：中国纺织出版社，2001
8 钟训正，孙钟阳，王文卿. 建筑制图. 南京：东南大学出版社，1978
9 顾世全. 建筑装饰制图. 北京：中国建筑工业出版社，2000
10 张 旭. 画法几何. 武汉：武汉大学出版社，1997
11 高祥生. 装饰设计制图与识图. 北京：中国建筑工业出版社，2002